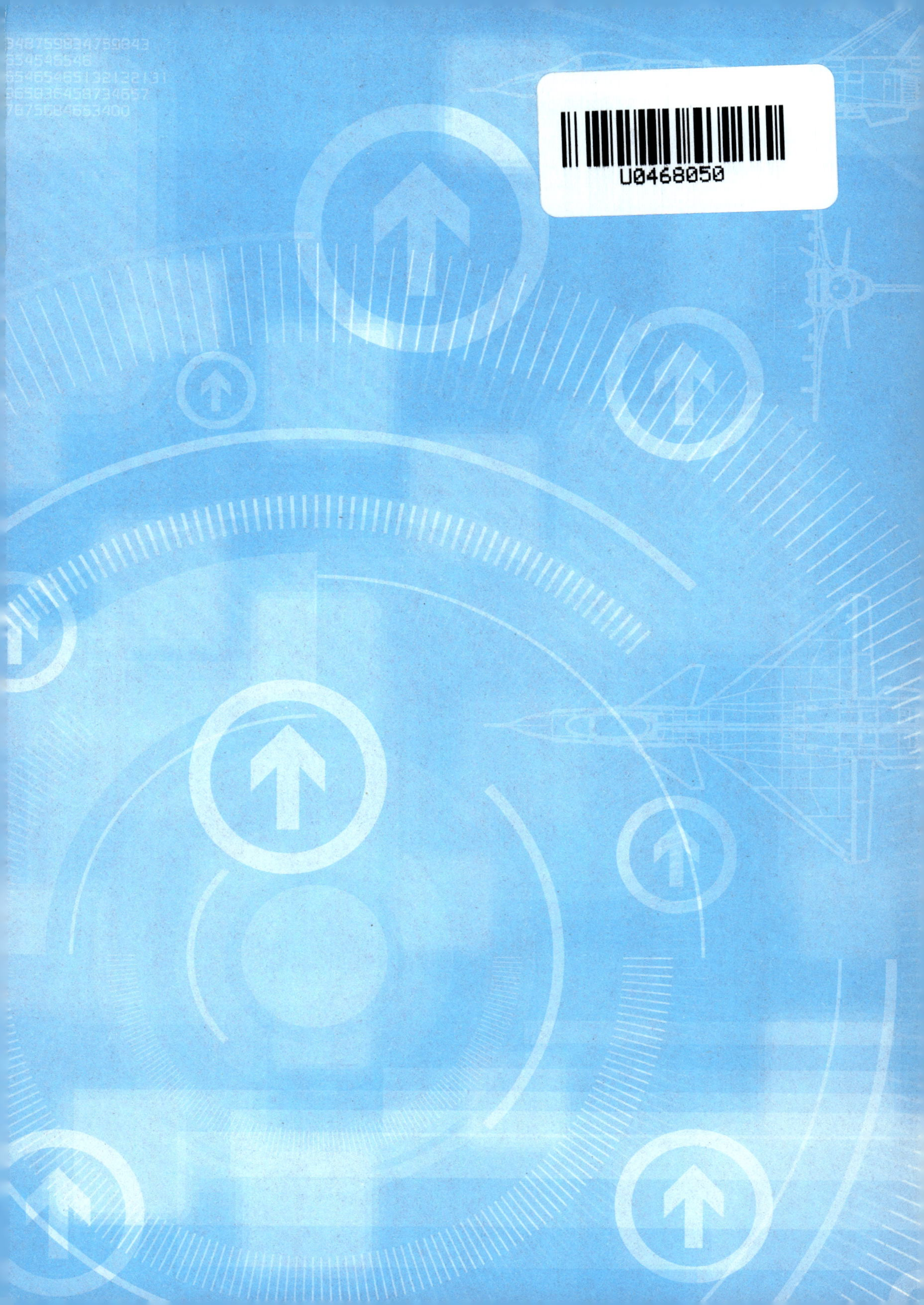

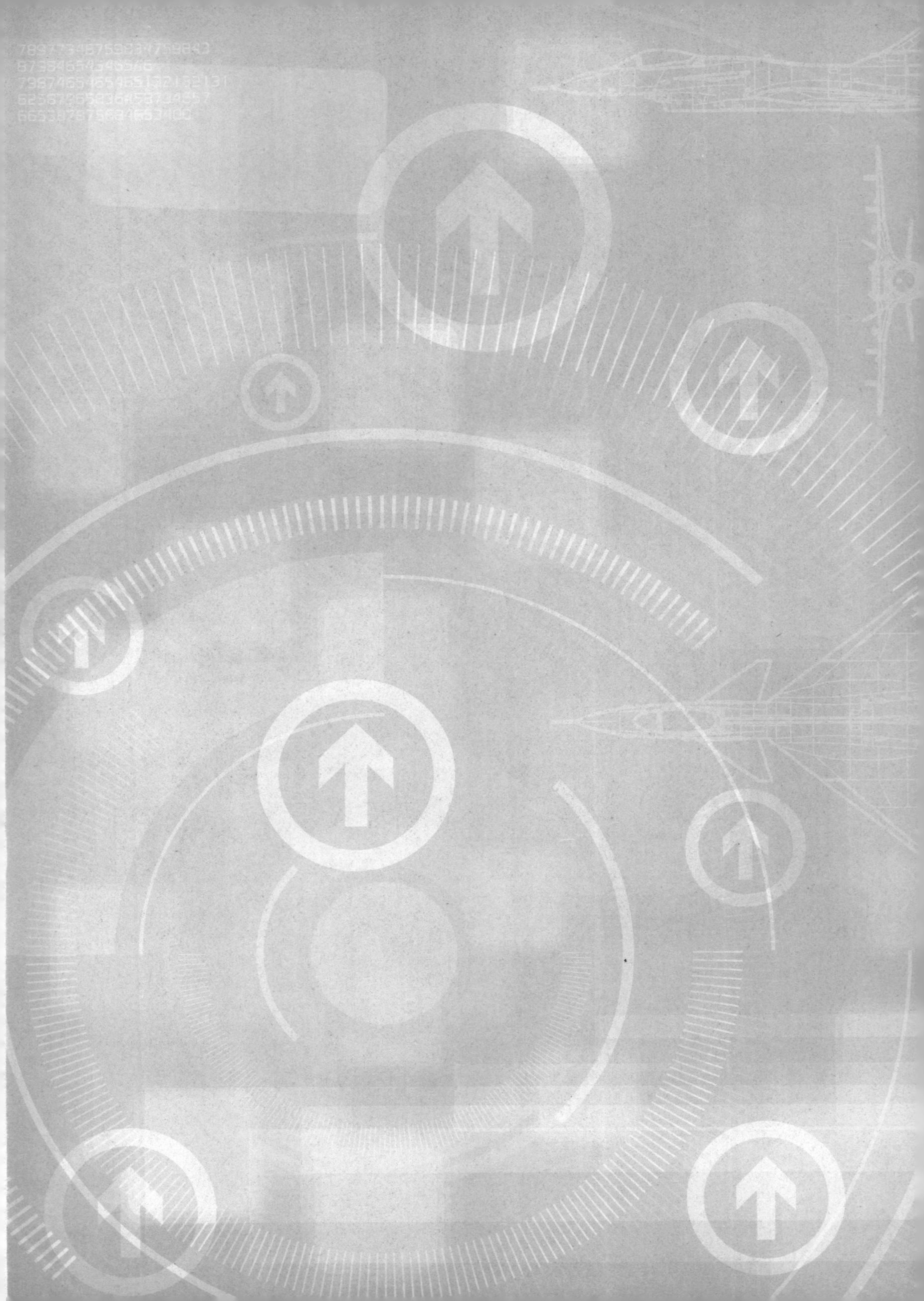

图解日新月异的科技

SHI REN SHI SHOU HAI SHI SHA

尹丽华◎编著

是人是兽还是啥

吉林出版集团股份有限公司 | 全国百佳图书出版单位

前言 PREFACE

　　科技人才的培养，基础在于教育。谁掌握了面向未来的教育，谁就能在未来的国际竞争中处于战略主动地位。青少年是祖国的未来，科学的希望，担当着科技兴国的历史重任。因此，把科技教育作为一项重要的内容，从小学抓起，为培养未来的人才打下坚实基础是势在必行。

　　图解科技内容，进行科学普及，对培养广大读者学习科学方法，树立科学思想和科学精神，从而成为具有创造精神的、应未来社会发展的建设人才打下基础具有十分重要的意义。

　　在新的世纪，科学技术日益渗透于经济发展和社会生活的各个领域，成为推动现代社会发展的最活跃因素，并且是现代社会进步的决定性力量。发达国家经济的增长点、现代化的战争、通讯传媒事业的日益发达，处处都体现出高科技的威力，同时也迅速地改变着人们的传统观念，使得人们对于科学知识充满了强烈渴求。

　　对迅猛发展的高新科学技术知识的普及，不仅可以使广大读者了解当今科技发展的现状，而且可以使我们树立崇高的理想：学好科学知识，为人类文明作出自己应有的贡献。

　　为此，我们特别编辑了这套丛书，主要包括人体医疗、前

是人是兽
还是啥

沿武器、古代文明、科技历史等内容，知识全面、内容精练、图文并茂，形象生动，通俗易懂，能够培养我们的科学兴趣和爱好，达到普及科学知识的目的，具有很强的可读性、启发性和知识性，是我们广大读者了解科技、增长知识、开阔视野、提高素质、激发探索和启迪智慧的良好科普读物。

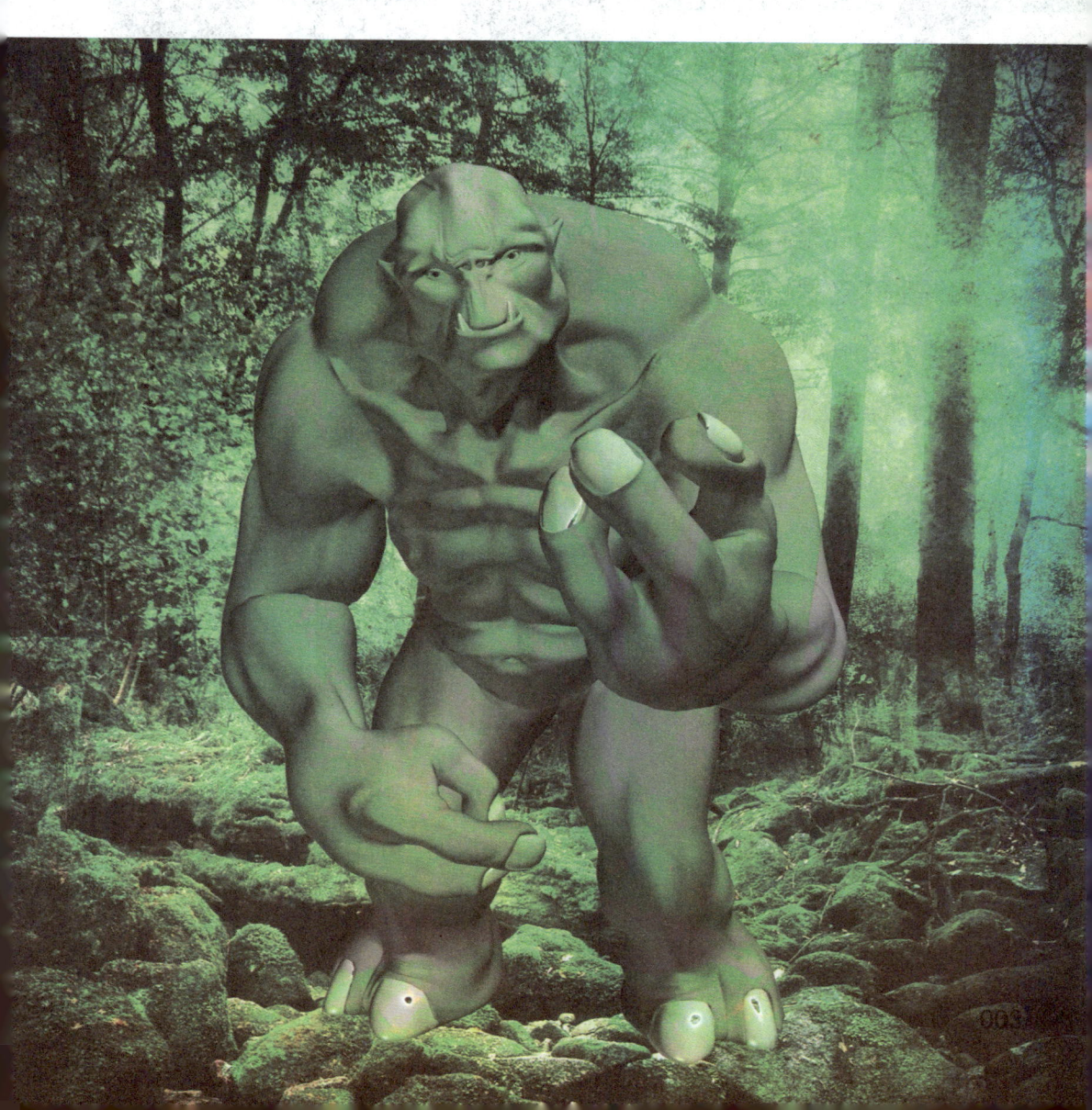

目录 CONTENTS

巨猿与野人有何关系 006

野人该归属于猿类吗 014

野人可能是僵尸吗 022

是野人还是棕熊 028

长着翅膀的怪物飞人 034

沼泽里的绿色蜥蜴人 042

鸟人是卵生人吗 046

畸形人是杂交野人吗 050

超级巨人真的存在吗 054

笔直的动物脚印之谜 060

雪人的不解之谜 064

海底怪物来自哪儿 070

神出鬼没的多毛怪物 078

野人可能是猩猩吗 082

野人是否属于人类 086

野人的毛发和脚印............	090
由来已久的野人传说........	094
古文中记载的野人............	100
野人的科学考察................	106
搜集野人的证据................	110
遍布各地的中国野人........	114
神农架的野人踪迹............	120
神秘而古老的神农架........	126
毛女和小黑人的传说........	132
探索雨林中的小人国........	136
神秘的大脚板雪人............	142
揭开大脚怪骗局................	146
有关野人的新发现............	152

巨猿与野人有何关系

提出观点

在世界的许多角落，都有野人等类人生物出没的足迹。野人是一种直立行走的类猿似人动物，但与人类特征相差很远，与巨猿有较多相似之处。

所以，有人认为野人应该是一种改变了原来生活习性的、残存的、已经被认为消失的动物——"巨猿"。

那么，传说中的野人会不会就是巨猿的后裔呢？

对此，有专家指出，巨猿与今天的野人可能毫无关系。那么，

他们的依据何在呢？

体形的差异

巨猿身高可达3米，而大多数被目击到的野人都不超过2米高，神农架和我国南方的野人通常只有1.5米至1.7米之间。

分布区域不同

北美的大脚怪，尽管早就出现在印第安人的传说中，当地也基本具备大型动物生存的条件，但从化石证据来看，整个美洲从未演化出任何猿类动物。同样，游荡在喜马拉雅山的雪人也不会是巨猿的后代。

行走方式

巨猿并不是两足直立的动物。在灵长类动物中，只有人类的祖先南方古猿是直立行走，除此之外别无他物。

目前，古生物学家已一致认为巨猿应该像猩猩一样主要以四

足行走，偶尔才能直立起身体，而且前肢应比后肢更长、更发达一些。

巨猿为什么会灭绝

巨猿是巨大的类似猩猩一样生活于地面的猿，很可能是世界上最大的猿，重量估计超过200千克，这种动物长有强壮的犬牙和巨大的臼齿，并有厚厚的珐琅层、高高的齿冠和矮牙尖。

20世纪50年代以后，在我国南方和越南陆续发现了大量的步氏巨猿化石，但科学界一直没有弄清巨猿的生存年代和灭绝时期。

加拿大麦克马斯特大学的地球地理学教授杰克·里克对此很感兴趣，他带着疑问和先进的仪器，来到了我国广西地区的洞穴进行了实地考察。

在当地科学家的帮助下，里克仔细地研究了巨猿的化石以及其生活的环境，并利用先进的电子旋转共振器以及高精度的绝

是人是兽
还是啥

对日期鉴别法推算出了巨猿的生活年代。

里克教授表示，从这些化石的年代推算，这种史前巨猿生活在100多万年前，和早期人类在地球上共存过，直至10万年前才彻底灭绝。

目前，虽然研究人员还没有发现完整的巨猿骨骼，但是他们通过对巨猿生活时代之前、同时代以及现代猿外形的认真比较，把巨猿的形貌进行了合理的复原。

简单来说，复原过程就是根据牙齿和下颌骨复原出与之匹配的头骨，接着根据头骨复原出整个躯体骨架，然后再用皮肉和毛发加以"润色"，这种方法比较合乎复原体的本来面目。

科学推测

最后，复原学者们推测出，巨猿是一个高达3米体重达544千克的庞然大物。当这种怪物穿过森林的时候，它沉重的脚步引起的地面震动，足以将原始人类吓得四散奔逃。人们也许会担心，当时那么弱小的原始人类是怎样与如此高大、凶猛的怪物同处一个时代的呢？

里克称，早期人类可能和这种巨猿面对面接触过，不过，他们是比较幸运的，这种史前巨猿很温柔，根本不杀生，更谈不上吃人了。根据对其牙齿的化学分析，可推测出巨猿是彻底的素食者，最喜欢的食物是竹子，偶尔也吃树叶和果实。

里克指出，实际上身体巨型化在食草动物中是很普遍的一种，个子大了既能减

少天敌的威胁，也有利于食草动物间的竞争。以前人们总认为，越大的动物也会越凶猛，其实并非如此。

　　50年前，大猩猩还被视作凶神恶煞，但现在已经证明它们是非常温顺害羞的动物。

　　依此类推，巨猿也应该是"和平主义者"。由于雌性巨猿的体形只有雄性的一半，那么它们很可能也像大猩猩一样集小群生活，以一只成年雄猿为领袖。

巨猿灭绝

　　一般而言，大型动物食量大、繁殖慢，对环境变化的适应能力较差。在巨猿生活的末期，正是冰河期反复出现，整个北半球气候多次剧烈动荡的时期，而它们的主要食物竹子，也正巧赶上

几十年一遇的竹子集体开花期，这些都给巨猿的生存造成了极大威胁。

当我们联想到大熊猫在受到人类充分"照顾"的条件下还生存得如此艰难，巨猿的灭绝也就可想而知了。也许还有一个不应该忽视的因素，那就是人类。

根据"走出非洲"学说，现代人的祖先在80万年前进入东亚，在这里遭遇了庞大而迟钝的巨猿。过了50万年，巨猿消失了，而人类依然存在，而且更加强大。

有研究人员认为，由于当时人类比巨猿更为敏捷，残酷的竞争迫使巨猿把竹子作为主要的食物，而狭窄的饮食结构使得巨猿在与

人类的生存竞争过程中处于劣势，并最终导致了巨猿的灭亡。

也有学者认为，因为巨猿的头盖骨和大脑生长跟不上躯体的发达程度，其进化便停止了，随后便在地球上消失了。

拓展阅读

对于巨猿的灭绝，也有学者通过研究其头盖骨后作出结论：它们的灭绝是因为巨猿的头盖骨和大脑的生长跟不上躯体发达程度，也就是说，它们的身体在长大，但大脑的进化停止了，随后才在地球上消失的。

野人该归属于猿类吗

野人传说

长期以来，直立行走和会使用工具被认为是人类区别于动物的标志之一。在西藏，很多人见到过一种可以直立行走且会使用

工具的动物，即老百姓口口相传的野人。

　　显然这类动物不会是熊而应该是灵长类动物，虽然猩猩、狒狒一类的灵长类动物也可以直立行走和抓拿木棍，但不论是脚印还是行走的姿态都与目击者所见到的动物相差甚远。那么这种动物与人类之间到底又存在怎样的联系呢？

　　在林芝地区生活的甲央活佛向人们讲述了这样一个传说："我出生在林芝地区米林县卧龙乡，那里有个叫东阿普的山沟，

据我父母说有野人出没，但那是在三代人以前的事情。野人白天站在山上观察人的行为，看村民劳动的场景，晚上下来模仿人的动作劳动，但糟蹋了农民的庄稼。"

有关野人的说法

属于灵长类动物的野人除了善于模仿人的行为，比如直立行走、背背筐、抓拿木棍等外，还会使用简单的工具，例如石器。

在西藏，关于野人会使用石器、会打石头的说法也由来已

久。无论是森林地区还是草原牧区，都有这样的事例。日喀则俄尔勒寺一直保存着一块宝石，据说是野人使用过的。这块被寺院密封在玻璃器皿里面的条石呈墨绿色，很像是一块玉石，也有点像古代的镇尺。

野人使用的工具

野人使用的宝石藏语叫"欠多"，是一种可以作为武器的工具。相传无论人、神、鬼，只要被这种石头打到，没有不死的。一旦这种石头丢了，野人自己也会死去。

这种石头叫做肝石，有人说是因为形状像肝，有人说是因为颜色像肝，还有人说是因为大部分在野人的腋下贴着肝脏保存……究竟哪种说法接近事实，却不得而知。

　　野人与人本来都是同纲同目的，但因为生存环境不同，彼此之间很难相处在一起。

　　有人按照人们对野人使用的石器的描绘，打制出来一头尖、一头粗的石器。这样的石器显然是可以作为工具使用的，如果野人真的使用这样的工具，那么也完全可以表明这一类野人在历史的长河中已经进化到了一定的程度。

是人是兽
还是啥

科学研究

1972年，科学家在非洲的肯尼亚找到了原始人的大脑化石，该化石证明人类由于其智慧的早期发展，率先以特殊方式开始进化了。这块化石在科学界产生了巨大的影响，它证明是高级智商把人类与其他动物区别开来，大脑的发展从而引发了第一个重要的进化变化。

我们可以联想，在石器时代，今天人类的祖先与那些今天被

称之为野人的动物是有着许多相融相通之处的，甚至有过一段共同进化的时期。只是在人类不断前进的过程中，终于在某一天，人类与它们挥手相别，而那些数量一天天减少的野人或"巨猿"，直到近代还保持和使用着那些古时期的旧石器。

野人留给人类的证据非常稀少，除了一些不确定的毛发，就是脚印。脚印是目击者为科学家提供的间接证据，事发地留存下来的大量脚印都被科学家用不同的手法复制下来进行对比。科学家发现，虽然很难直接证明野人脚与人脚之间的相同之处，但还

是可以论证这些脚印的形状与结构要比现代人落后，但比已知的高等灵长类动物的后脚要进化了很多。

拓展阅读

传说中的野人猛一看上去像猴子，仔细一看又像人。头的形状又长又尖，浑身长满棕色的毛，只有大腿内侧和手心上没有毛。脚很大，弓着身走路，身材比人高大很多。那么，野人到底该归属猿类，还是该归属人类呢？至今也未有定论。

野人可能是僵尸吗

广泛流传的野人传说

关于神农架野人，不仅在民间流传着广泛的传说，在各大报刊杂志上也有登载。在中央电视台曾有过一个报道，亲身参加搜索野人的一名生物学家现身谈及往事，数百名战士参与的围捕行动，却一无所获，遗憾之情溢于言表。

神农架附近的村民和猎户也表示，曾多次亲眼见到过野人出没，有2米多高，全身黑毛，走路的时候，出左脚同时也出左手，一边顺，大家都知道，近2米高的狗熊却也会对它退避三舍，却能轻而易举的抗起一头成年公牛。

　　野人留下的脚印为人形脚印，只是比普通人的脚大得多。而后经过取样分析脚印，证明绝不是人造的。也就是说，神农架的野人是真实存在的一个物种。

物理角度分析

　　从生物学的角度来看，一个物种要繁衍生息，必须是有一定种群的，生老病死是自然规律。从野人的体格上来看，这种连山中霸王熊都害怕的种群，显然在神农架是不存在天敌的。

　　很浅显的一个道理，没有天敌的种群的发展会有多迅速，会发展成一个多庞大的群体？这在自然界是最基本的常识了。

但是，这样一个强大的物种，在那一次大围捕中，连一只都没有发现。是它们有预见性全部迁徙了？还是说这种生物数量非常稀少？

相信一个庞大的物种做一次大规模的迁徙是非常不容易的，也不会这么及时。毕竟，用自然界的规律来看，它们应该是发展成了非常庞大的家族，一个庞大的家族要迁徙到另一个地方，这个地方必须具备满足它们生存的必备条件。

首先就是食物，还有居住条件、气候、地理因素等。除了神农架，又有哪个地方容得下它们呢？为什么其他地方没有发现大规模野人迁徙的报告？

提出观点及分析

在风水上，有一种地极阴或极阳，这样的地被称为蜉地或养尸地。有人也许从古籍或是坊间传说听闻过一种怪物，人去世后如果还有口气没咽下，当这种尸体被埋到这样的地方，吸收日月之精华，就会长出白色的毛和獠牙来，这就是人们常说的"僵尸"！

长白色毛的僵尸叫"白僵"，它们很怕光，怕人，也怕狗，并且行动迟缓，但是力量却非常大。白僵还没有胆量去吸食家畜的血，它们通常靠饮露水或捕捉一些小动物维生，同时继续吸收日月精华修炼。达到一定程度以后，白僵就会脱去白毛，长出黑色的毛来，躯体也会长得更高大，并且增添了遁地的本领。这时候的僵尸叫"黑僵"。

成为黑僵后，它们不再惧怕阳光，也不再怕狗了，但是因为

它们是人死后孕化而成的，依然对人有敬畏之心。而这时候，它们也变得力大无穷，只是行动上依然很僵硬，比如，跨出左脚，左手也会向前。

看到这里，你们有没有发现，野人为什么在行动上看起来那么别扭？如此强大的体格在种群上却这么稀少？再多人的拉网式搜索也不能发现野人？没有天敌，不害怕熊却惧怕人？找不出半根野人的骨骸？其实，所谓的神农架野人根本就是僵尸。

这些僵尸跟我们平常发现的僵尸是有区别的。比如在四川南充发现的那只，全身涂有糯米，头上贴有符。虽然有村民听到过异常的嚎叫，但那样的僵尸是被道士发现埋在"蜉地"里，在它

是人是兽还是啥
shirenshishou haishisha

还未能破棺而出的时候，就被法术镇住，只要不除掉它身上的糯米和符，就不能出来活动。

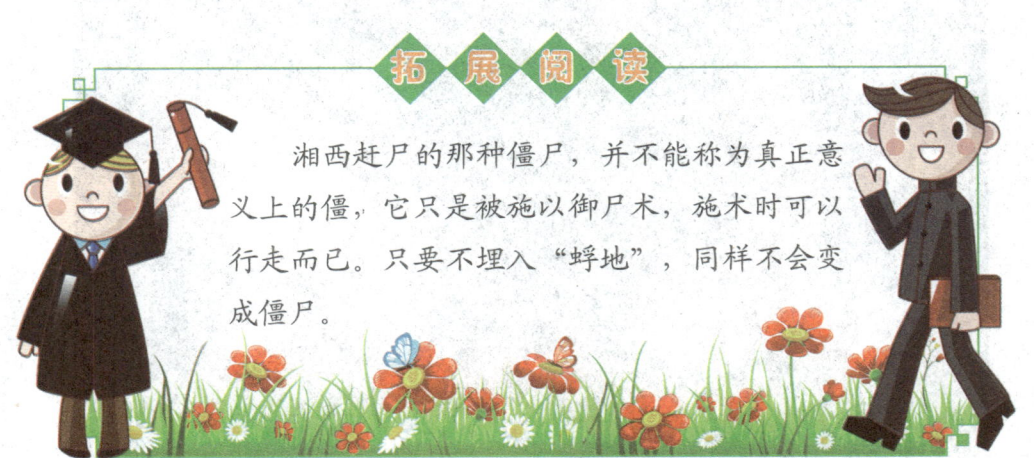

拓展阅读

湘西赶尸的那种僵尸，并不能称为真正意义上的僵，它只是被施以御尸术，施术时可以行走而已。只要不埋入"蜉地"，同样不会变成僵尸。

是野人还是棕熊

关于棕熊

据《悉尼先驱早报》报道，一名日本登山队员试图结束数十年来人们关于喜马拉雅野人是否存在的争论，他声称，经过长达数十年的研究，他已经揭开了喜马拉雅野人罩在人们心头的种种谜团，他向世界媒体正式宣布，这种类似猿的神秘怪物实际上是棕熊！

在西藏进行了20多年野生动物考察和研究的专家刘务林说，根据他在野外的考察和分析，传说生活在喜马拉雅山区的野人和雪人，很有可能就是与人体形相似的棕熊。

而一些保存下来的所谓的野人皮和骨头，实际上也是能够确认的动物。

例如，工布江达县一寺庙的一张野人皮，其实就是棕熊皮，只是外表颜色和一般的棕熊不一样。

关于野人

那些关于野人的脚印经过分析，发现都缺乏足弓，实际上是棕熊留下的脚印，因为棕熊后足仅具趾垫和掌垫，

酷似人的脚掌。

棕熊是属于我国重点保护的野生动物，多生活在海拔3500米以上的地带。由于喜马拉雅棕熊生活在自然条件恶劣的雪域高原地区，所以它和其他棕熊比起来，体格要更加高大。

棕熊的耐寒性特别强，爬起山来如履平地，并且非常喜欢直立行走。

棕熊还有许多看似人的行为的地方，所以，当地许多老百姓受到迷惑，误认为棕熊是野人。

棕熊冬天处于半睡眠状态，极易被惊醒，有的甚至不冬眠。它一旦受惊，或睡眠时过于饥饿，就可能出来到处游荡，甚至下到雪线以下觅食。

喜马拉雅棕熊毛色变异很大，有的是灰白色的，老百姓猛然见到这种颜色的棕熊就误认为是"雪人"或"野人"。

还有的棕熊毛色灰白与棕黑相间，因此，还被误认为是大熊猫。

　　《辞海》中记载西藏有大熊猫，英国的《大百科全书》也认为存在一种"西藏大熊猫"，大概就是这个原因。

　　现在藏北高原仍流传着棕熊与牧女的传说：雌性棕熊专害女人，雄性棕熊则喜欢劫持美女，并能与美女生下后代。

　　确实，在现实生活中，藏北被棕熊伤害的大部分人是妇女，后来被猎人射死的棕熊又大半是雌熊。

　　关于棕熊，在西藏安多县曾有一个有趣的传说，据说在一个被

人称为"折蒙拉康",意为"棕熊的经堂"的天然岩洞中,藏北草原上的棕熊每隔几年的夏天都要去聚会一次。

届时,大小几十只棕熊从四面八方赶来,自觉排成单行长队,按顺序进洞,几天后又排队出洞,分散开去。

它们到洞中去干什么?为何那么有秩序?又为何能够准时从不同的地方赶到一起?它们是怎样相互联系的?

种种疑问迄今仍无人能够解答。

相关观点

专家认为,从动物学、生态学的角度看,一个物种如果在世界上只有2000个以下个体,又不经过专门的人工繁

殖，几乎可以肯定会绝种。

在一个封闭的小环境里，任何规模过小的动物都难以抵御自然环境的压力和近亲繁殖的影响，如果不像大熊猫一样抢救繁殖，必然会遭到大自然的淘汰，这是大自然的适者生存定律。野人如果真的存在，它作为大型哺乳动物，有一个种群的最低数量极限，但目前各地发现的野人总数不超过200个，而且居住分散，环境恶劣，其近亲繁殖也不可能使它们生存到现在。

拓展阅读

由于西藏野人之谜被列为世界四大奇谜之一。国际上组织了无数支考察队对野人进行了跟踪考察，但迄今为止没有得到一张野人照片，除当地百姓外，也没有一人看到过雪人或野人，而只是得到过一些所谓野人的足迹。

长着翅膀的怪物飞人

神秘的长毛怪物

美国出现一种似人非人的怪物,据目击者说,怪物身高2.4米,重约140千克,全身都是淡颜色并粘满污泥的长毛。

马菲兹布罗的警察部门听到消息,全体出动进行搜捕。他们一行14人,带着一只猎犬,在灌木丛中展开搜索,追踪怪物。

断枝和践踏过的草坪形成一道隐约的痕迹,显示怪物走过的

路线，草上一块块的黑粘泥很像彻里尔·瑞伊的房子与河之间那些污水里的软泥。搜索的人一直追到一座废弃的谷仓，怪物的足迹在那里消失了。

后来，听到几次刺耳的尖叫声，在满是泥泞的河岸又发现奇怪的脚印，猎犬也因嗅到不寻常的气味而惊慌起来。

大群荷枪实弹的猎人在那里四处搜索，可惜始终找不到神秘的怪物。

奇异的蛾人

1966年，在美国西维吉尼亚州维勒姆附近，有两对夫妇去乡村看朋友时迷了路。他们开车经过一座古老的磨坊时，天空飘散下来许多灰尘。

一位女士仰起头，看到有两个红色的圆盘状的

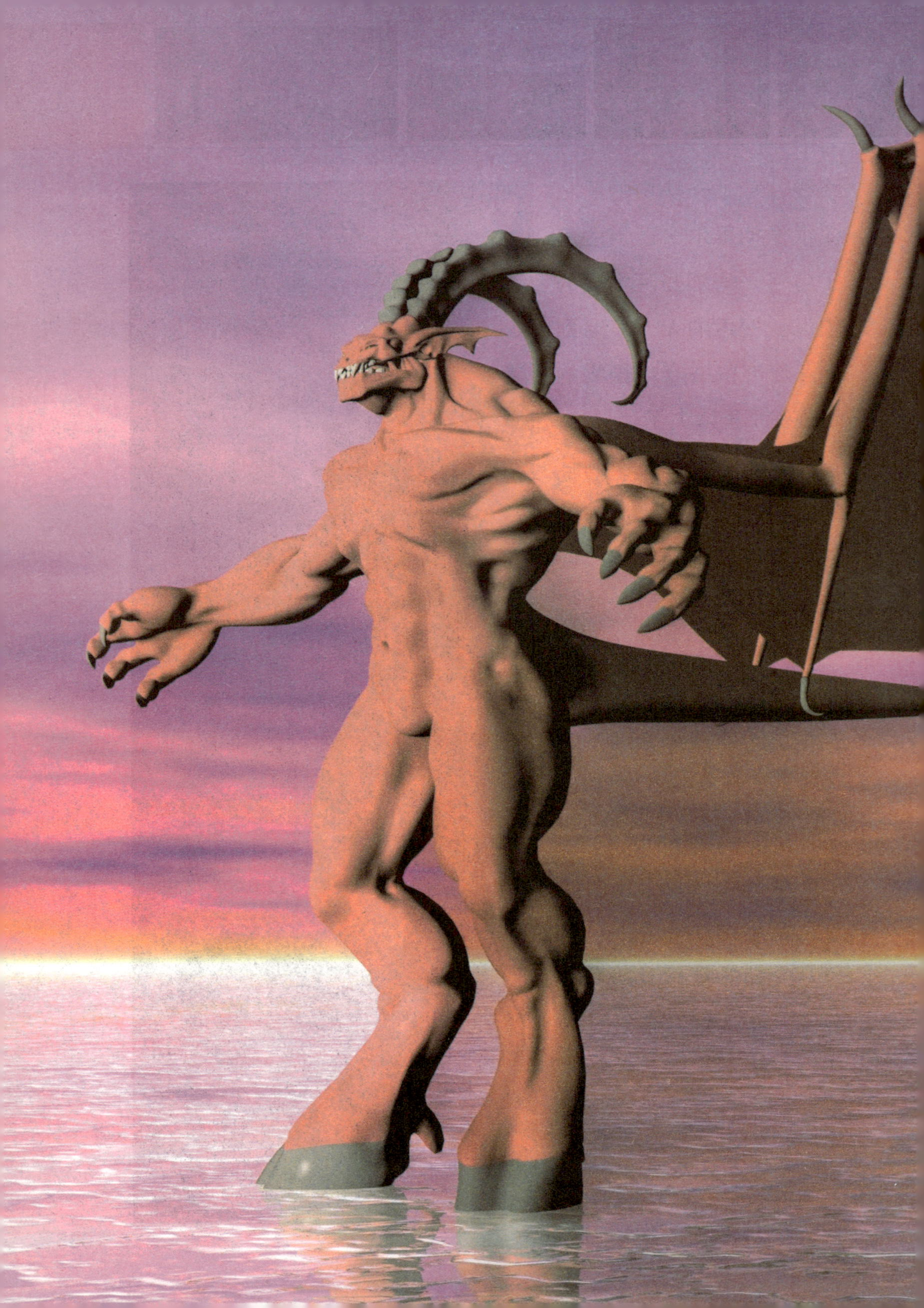

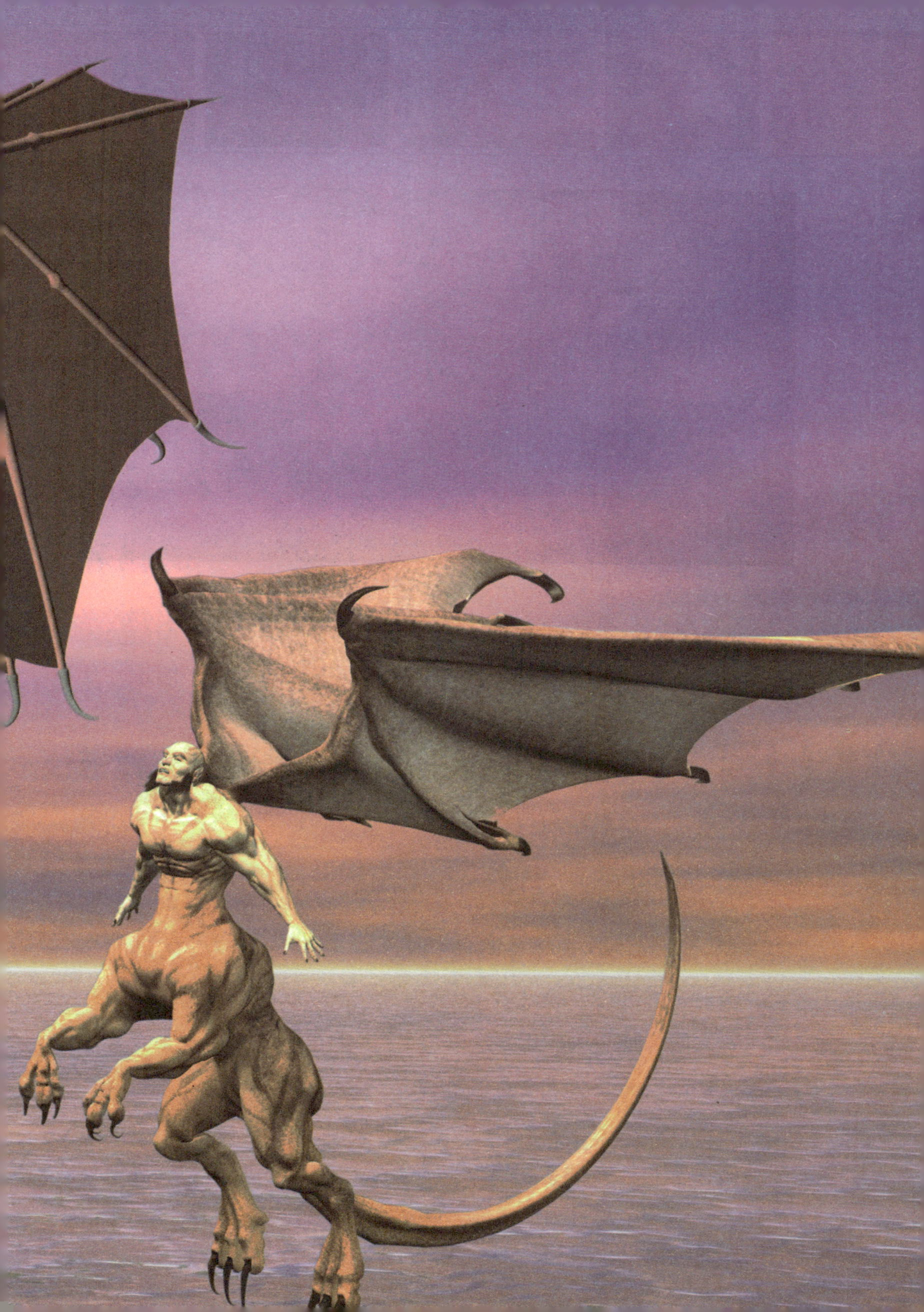

东西，在黑暗的夜空中闪闪发光，顿时惊呆了。

　　这两个圆形物体直径大概是2英寸，就像是挂在天空中似的。接着，它开始向他们的汽车移动，车上的人终于看清，原来这是巨人的双眼。

　　在车灯的照射下，两对夫妇看到一个巨大的黑影耸立在那里。黑影的身高足足有两米，它的两只眼睛，像血液般赤红，像车灯般闪亮。

　　它的背部也特别奇怪，好像停在树上的老鹰似的两腋叠着翅膀。翅膀的形态与其说像鸟的翅膀，不如说像蝴蝶和飞蛾的翅膀。两对夫妇屏住呼吸注视了5分钟左右，突然，那奇怪的影子开始改变方向，拖着脚步走了。载着4个人的车子拼命地飞驰着，但是那怪物却尾随着车子一直追赶着。

　　不知什么缘故，它一点也没有扇动翅膀，却像在空中滑行似的飞行，而且还可以发出"吱吱"的像老鼠般的叫声。这个奇怪的鸟人，被当地报纸取名为蛾人，意思是能够飞翔的人。

神秘的飞人

此后一年，该地区共发生26起"飞人"事件。某机场的5位飞行员曾看见飞人在俄亥俄江面100米左右上空以200米左右的时速飞翔，翅膀静止不动，表面上看不出它在用力。

当它飞越机场时，这5个人发觉它的脖颈特别长，而且不断地向左右两侧扭动头部，仿佛在仔细观察整个地区。当飞行员找来一部照相机跳上一架飞机企图截住飞人拍摄时，飞人已在河边消失了。

美国空军的档案里也有一份关于飞人的报告，作者是内布拉斯加州的威廉莱姆。事情是这样的：

1922年2月22日下午17时，莱姆先生正在郝贝尔附近打猎。突然，他听到空中传来一声尖锐的怪声，莱姆立刻抬头，他看见

一个又大又黑的东西在天空飞翔,看起来很像是人。

然后,这个奇怪的东西像飞机一样降落,开始在厚厚的雪地里行走。他足有两米多高。莱姆先生原想跟着他,但在积雪里,想快些走并不容易,最后筋疲力尽没有追上他。

其他国家的飞人记录

1963年11月16日,英国肯特郡斯坦丁公园附近,4个小伙子参加完舞会,正一起走路回家。突然他们听到有树枝断裂的声音,接着一个长着一双翅膀的黑色庞然大物出现在眼前。1979年9月,俄罗斯中部的小镇那高空也有人看见过类似的生物。

黄昏时分,一个名叫伊戈尔库利绍夫的学生和一个女孩走在田间,太阳渐渐西沉。他看到在地面上方30米的天空,有一个黑色的物体在飞。当这个物体渐渐靠近时,伊戈尔逐渐看清那是一个人形的生物,身上穿的像是中世纪的银色铠甲。这个飞人飞过

他们头顶上方，消失在树丛的方向。

　　神秘的飞人，又给人类留下一个神秘的谜。

拓展阅读

　　1957年夏天，苏联科学家普罗宁博士在帕米尔高原考察。一天，他用望远镜发现山谷的对面出现了一种奇怪的动物，它的身体部分与人类相似，手臂很长，脸的大部分和整个身体都覆盖着一层灰色的毛，身高在两米以上

沼泽里的绿色蜥蜴人

蜥蜴人的特征

1954年加利福尼亚南部里镇教区附近沼泽地里出现一个身高两米的怪物，被目击者称为蜥蜴人。

蜥蜴人皮肤呈绿色，全身长满鳞片，有一双血红的眼睛，在该地区到处游荡。他的力气很大，能轻易掀翻汽车，而且跑起来比汽车还快，每小时可达65千米。他的指尖有个圆垫，可以将自

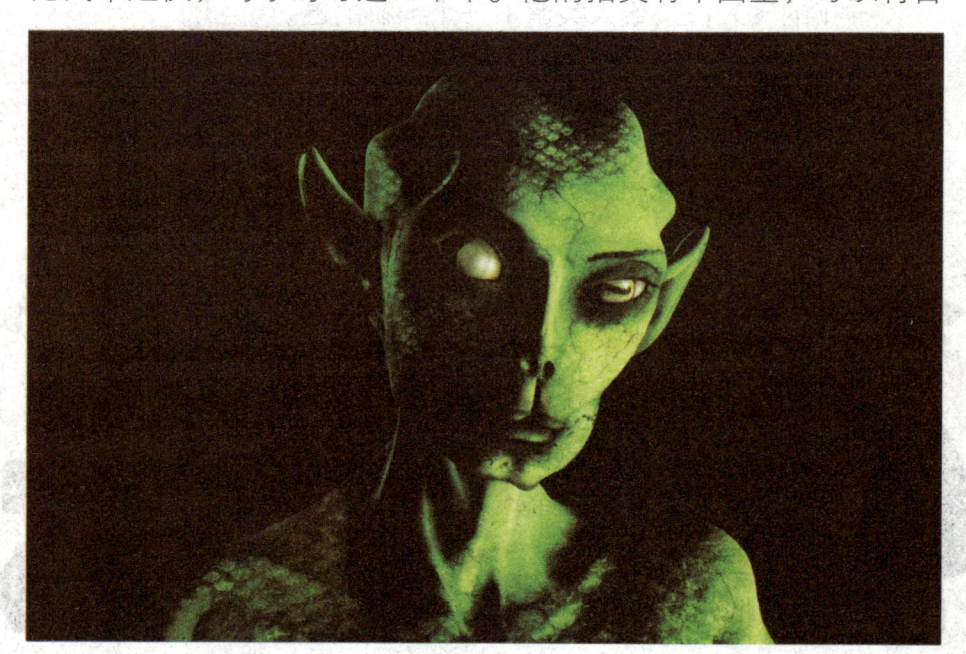

己粘在墙上。

发现蜥蜴人

1988年6月29日14时左右，一位17岁的当地人克利斯·达维斯从单位开车回家的路上碰到了这一怪物。克利斯·达维斯蹲在略带咸味的沼泽旁边换汽车零件时，忽然听到身后有响动，他回头一看，顿时吓得魂飞魄散，离他约25米处有一个怪物正朝他走过来。

他一下子跳进汽车里，使劲拉紧车门，心脏"扑通"地跳个不停，"恐怕凶多吉少，说不定要和它拼命了！"

后来他回忆说，"我扭过头瞧了它一眼，清清楚楚看见它的双手各只有3个指头，又黑又粗又长，绿色的皮肤非常粗糙，身材高大，强壮极了。"

除达维斯外，少年罗德尼·诺尔菲和山尼·斯托基斯也看见过蜥蜴人从他们的汽车前面飞快地跑过去。

工人乔治·霍罗曼说，他在离20号公路和15号公路汇合处不远的一眼自流井抽水时，看到有个蜥蜴人在不远处徘徊。

图解日新
月异的科技

　　1988年夏天美国大旱不已，活动在沼泽地区的熊都随着野餐旅游者到尤斯麦蒂国家公园去了，蜥蜴人和其他大脚怪可能留在原地没有走，成了干旱的牺牲品。

　　诺尔菲、斯托克两人遇到蜥蜴人的消息传出后，加州骑兵米克·豪德基和里镇副警长威尼·阿金逊仔细查勘了周围一大片地区，发现这里有3处被揉得乱七八糟的纸板堆，离地2.5米高处的纸板被扯了下来。据豪德基透露，他们找到几个像人一样的脚印，这些脚印十分清晰地印在发硬的红色沙地上，离脚印350米处他们又看到地面印着另外一行脚印，由此推断是在他们搜寻期间有位不速之客来到汽车旁边，待了一会儿又

溜回去了，把脚印留在了汽车轮胎辗出的印痕上。

达维斯的描述与目前存档的大脚人记录材料基本一致：身材高大，红眼睛，全身披着长毛。唯一不同的是手指脚趾，过去的记录都是5个，只有蜥蜴人都是例外，所以具有特殊的研究价值。

拓展阅读

南卡罗琳那WCOS无线电台愿出100万美元悬赏勇士生擒蜥蜴人，即使事后证实它只是一种未知动物也在所不惜，虽然后来许多人闻风而动，前去冒险，但最后还是无人拿到这100万美元。

鸟人是卵生人吗

卵生的婴孩

一支在印尼婆罗州原始森林里探险的探险队爆出一个惊人发现，他们在森林里找到了一个被遗忘的史前人类部落，并发现这个部落的婴孩全部是由卵生孵化出来的。

探险队领队、西德人类学家沃费兹博士和他的10名探险队员

为了研究原始部落生活，来到婆罗州的热带雨林探险。当他们来到一处山脊，正要走入下面的山谷时，忽然，头上的大树上传来一阵尖叫声。只见在树枝上，一些全身赤裸的怪人蹲在一个个用树叶青草砌搭成的巢穴内，目不转睛地望着他们，并不时兴奋地像鸟雀般"叽叽喳喳"叫个不停。过了一会儿，约有20多个怪人从树上爬了下来，慢慢地向探险队员们走来。

特殊之处

据沃费兹博士回忆说，这些怪人大约只有1.2米高，样子虽然像人，但却有着鸟雀的个性。它们只有一颗大牙，就像象牙一样，从口中凸了出来。它们来到探险队员面前，既不害怕，也没有显示出敌意。这些鸟人"叽叽喳喳"地叫个不停，还不时用它们那鹰爪似的手，拿出一些大蚯蚓来，请探险队员们吃。

"那些蚯蚓正是它们的主食。"沃费兹说，"它们将蚯蚓送给我们，就是作为一种友善的表示。"接着，这些鸟人带领探险

队员们来到它们的家——一个建设在几棵大树上的巨大平台。

奇怪的卵生人

当探险队员爬上平台，立即看到一幕惊人的情景：大约30多个女鸟人，正各自坐在一枚白色的大蛋上，进行着孵化。沃费博士说："它就如我们的育婴室一般，那些女鸟人就坐在那些蛋上，使它们保持温暖。在其中一个角落，一个婴儿用它那只长牙将蛋壳弄开，使幼崽卵出来。"

探险队在那里观察了一段时间。大家发现那些女鸟人在怀孕6个月后便生下一枚大蛋，接着它们再把蛋孵化3个月。直至婴儿出生为止，9个月的孕育过程才告完成。这时，做母亲的就会和常人一样，用母乳哺育婴儿。

当探险队员离去的时候，那些卵生的鸟人送给他们很多蚯蚓，还发出鸟鸣的声音欢送他们。奇怪的鸟人，奇特的卵生人，又留给人类一个不解之谜。

拓展阅读

人类是胎生的哺乳动物，这一点早在地球上有人类以来，便已确定。现代人类可能会认为卵生人十分稀有罕见，其实，在诞生2000多年的佛教经典中就早有认知。《山海经·大荒南经》说："有卵之国，其民皆生卵。"

畸形人是杂交野人吗

发现畸形人

首例见诸报道的"杂交野人"是三峡巫山"猴娃"。1939年3月，巫山县当阳乡白马村（今名玉灵村）一妇女产下一个外表如猴一样的男婴，这个男婴被取名为涂运宝，身上长有又细又长的毛，脑袋很小，直径约8厘米，脸型上宽下窄，腰背及两腿弯曲，手大且指头尖锐，似猴爪。

无论寒暑它总是赤身裸体，爱吃生冷食物，颇似传说中的"野人"，当地山民称它为"猴娃"，并传播开来。

据说"猴娃"母亲智力、体态均正常无异，缘何生此怪孩？

村里人说，这位母亲1938年7月曾被"野人"抢进山洞生活过，孩子就是那时怀上的。

可惜的是，后来"猴娃"因一次意外被炭火烧伤了屁股，从此身体日趋衰弱，于1962年8月病故。

"猴娃"的故事是一位四川工程师最早讲述给当时的中国"野人"考察队队员、上海师大学生李孜的。

李孜如获至宝，他曾与人多次前往探望"猴娃"生母，终因她不愿意承认被"野人"掠去强迫生子的"丑闻"无功而返。

1997年，突然传出在湖北省长阳某地发现一个畸形人的消息，据说是其母被野人掳去后生下的"杂交后代"。

此人已于1989年去世，其尸首被送到科学院进行鉴定时，证明这畸形人为"小脑症"患者，根本不是什么野人的"杂交后代"。

目前收集到的被疑为野人的直接材料只有毛发、手脚标本和头骨。

野人的真面目

野人究竟是什么？它真的存在吗？

有关人士认为，在众多目击与遭遇野人的事例中，除去那些因明显夸大、渲染而失真，甚至有意或无意的捏造外，多数情况是目击者处于精神紧张和恐慌状态，或距离甚远和能见度较低，误将某些已知的动物看成野人，或是根本就不认识某些动物而将其错当做野人。

其中，涉及的动物有各种猴类、熊类、苏门羚等。

《遂昌县志》中曾记载古代有一种叫"猨"的动物，称"猨似猴，大而黑"，实际上也是一种短尾猴。

《黄山志》中也有"猩猩"一说，认为猩猩是出现的野人，其实就是黄山短尾猴。

所以国内不少地方出现的所谓小型野人，可能都是短尾猴造成的错觉。将熊当做野人也不乏其例。

科学家在神农架考察时，曾对打死野人的事例查访求证，发现打死的是黑熊。

拓展阅读

尽管对野人的存在基本上持怀疑态度，但科学家们依然相信，在人迹罕至之处不能完全排除野人存在的可能性，因为在发现野人的地方，至少还有5%的证据有待我们去澄清，有待我们去进一步探讨。

超级巨人真的存在吗

巨人的发现

据称早在16世纪初，葡萄牙航海家麦哲伦在环球航行中，曾在美洲沿岸意外地发现"相当于8个正常人身高"的印第安人在跳舞，假如以1.5米为正常人高度的话，这些跳舞者起码有13米高。

是人是兽
还是啥
shirenshishou
haishisha

在斯里兰卡的亚当峰峰顶，人们还发现长达1.5米，宽0.8米的巨人足迹。当地的佛教徒、印度教徒和伊斯兰教徒均视之为"圣迹"，并不辞劳苦地攀登峰顶，对之顶礼膜拜。

1921年10月8日，沈阳的《盛京时报》出现了"洛阳纸贵"的罕见现象。因为上面有一则惊人的消息：日前，北京西城大明濠一带正在改建公路，开掘暗沟。

在下冈40号民家墙根下，施工人员挖出巨人骨8具，每具骨骸长达2.67米，头大如牛。

仅骨骸就长达2.67米，死者生前的实际高度应该在3米左右了。

同时，一次就出土8具巨人骨骸，难道确实有过这样的一种体形高大的民族在地球上生存过？难道北京西城一带是它们的公共墓地？

20世纪90年代末，一批探险家也向全世界宣称：他们在秘鲁印第安人

向导的带领下，在亚马逊河上游地区与一批红毛驼背巨人不期而遇……

巨人城的发现

瑞典的一支探险队声称，他们在南极发现了一座热带城市废墟。当时是1993年夏天，地震猛烈地摇撼着整个南极，西部的一条大冰川顿时冰飞碎散。

随后，探险队便发现了隐藏在冰川后面的这座城市。这座大部分被冰雪覆盖的城市废墟，一座座摩天大楼直冲云霄。有的是金字塔状，也有的像圆柱体，墙壁薄而坚固，没有加绝缘体。

另外，这些高大的建筑物的最大特征便是没有门，有一个高约6米，呈马蹄形的入口。科学家们通过不同的方法测试显示这座

城市约有30000多年的历史，是一座特殊的人类居住区，并根据它的高大入口推测出特殊建筑物里的居民身高约为3.6米至4.2米。

超级巨人之谜

由此观之，地球上的确曾生存过一种超级巨人，但是，这是一群什么样的人种？他们又是如何消失或退化的？

特别是瑞典探险队发现南极热带城市废墟之说，更为这个不解之谜蒙上了一层浓浓的雾霭。地球上已知人类有文字记载的历史不过5000多年，至于结束游牧生活方式、建造城市定居的历史就更短暂了。

但是，这个超级巨人定居的繁华城市却是在30000年以前在南极建造的。这又是什么人的杰作？他们为何要废弃这个定居点呢？众多的不解之谜，我们只有等待科学家的进一步研究与探索了。

拓展阅读

1983年，据联合国卫生组织一份材料统计，说当时最高的男性巨人是苏联的马凯诺夫，其身高达3米；最高的女性巨人是美国的艾伦，身高为2.32米。

笔直的动物脚印之谜

脚印的发现

1855年冬季的一个清晨，英国迪蓬夏白雪皑皑，一派银装素裹。突然，有人在雪地里发现了一个从未见过的奇怪的动物脚印，这个发现使整个村子顿时轰动起来。谁也没有目睹过这种动物。

根据脚印判断，动物的身体异常轻盈。在高高的房顶上，狭窄的围墙上，用栅栏围起来的小院子里和空地上，几乎所有的地方都清晰地留下了它的脚印。从脚印可以看出，这个奇怪的动物

是人是兽还是怪

以迪蓬夏为中心，行走了数十千米。越过原野，穿过山谷，甚至轻而易举地渡过了3000米宽的海湾。

英国的报刊很快登出了有关这种奇怪脚印的种种消息。伦敦发行的《周刊画报》报道："根据现场调查，星期五早上在迪蓬夏雪地里发现的奇怪脚印，其形状与驴蹄十分近似，长0.1米，宽为0.07米。如果是普通的四足动物，行走时左右脚应该是交叉迈步的，但是，这个动物像人一样，一步一步笔直朝前走，脚步的间隔约0.3米。它横穿居民家的院子和空地，即使前方有房子、像小山似的草堆、高墙、紧拴的门户，它都可以视若无睹，轻而易举地用相同的步子跨越而过，决不因为有物体挡道而改变自己

061

的路线。"

人们惊恐不已，认为一定是恶魔撒旦降临了。到了晚上，家家门窗紧闭，不敢外出。人人都在纳闷，这个奇怪的动物究竟是什么呢？

脚印再次发现

无独有偶，1945年1月10日，第二次世界大战已接近尾声。比利时下了一场罕见的大雪，积雪达一米深。这天，人们在位于首都布鲁塞尔与卢邦市之间的谢特·德·孟庇尔山峰上，同样也发现了奇怪的动物脚印。银装素裹的大地上，留下一串醒目的脚印，一直延伸至800米远的小树林里，在那儿一下子消失了。这串脚印的长均为0.06米，宽为0.03米左右，脚步之间距离为0.25米。步子成直线，乍看近似山羊的脚印，但是4

条腿的山羊的脚印无论如何是不会笔直朝前的。

　　脚印事件出现后，引起了相关人士的极大兴趣。很多人亲自到事件发生地去勘查、研究。人们设想，有可能这种动物栖息在南极和北极一带荒无人烟的地方。它们和人类一样有两只脚，长着信天翁那样的翅膀，能在一夜之间轻松自如地飞到很远的地方。这种动物究竟是否存在？如果没有这种动物，又如何解释这种奇怪的脚印呢？

拓展阅读

　　有人认为，它们可能是一种既像鹅一样能在地上行走，又像骆驼一样能经受极其严峻的气候条件，脚掌宽平、中间低凹的动物，但这种说法也没有确凿的证据。

063

雪人的不解之谜

雪人起源

1921年，英国考察队在考察珠穆朗玛峰时，发现雪地上有类似人的奇怪的脚印。

自此，雪人的名字便传播开来。根据人们的猜想，这种雪人是某一类住在高原上的人，终年生活在冰天雪地里，或是满身长着雪一样白毛的人。

实际上，根据迄今所搜集到的资料来看，这些生物只不过在外表上像人，实际上却像动物。

他们没有发音清晰的语言，不会使用工具，也不懂得用火和穿衣裳，身上长满厚厚的毛。他们往往生活在人迹罕至的山谷之中，多在晚上或夜间出来觅食。苏联的研究人员一向把他们称为"残留类人生物"，残留是用以表示他们同人类祖先之间的联系。

有关论著

苏联著名科学家、历史和哲学博士波什涅夫教授于1963年发表了题为《残留类人生物问题的现状》的专题论著，文中记述了丰富的情报以及同目击者的无数次谈话情况，对类人生物进行了理论上的分析。

波什涅夫认为，只有近代人类才能真正叫做人，而所有其他类别的我们两足类祖先都只能叫猿人。

他认为，残留类人生物是更新世晚期、旧石器时代中期的尼安德特人残留下来的后代，他们在自己的生物发展过程中经历了某些演变，从而形成人类进化过程中的一个分支。

1978年5月，在加拿大温哥华举行的一次科学讨论会上，美国、加拿大和英国的人类学家、人种学家和心理学家们进一步研究讨论了类人生物的问题。

有关这次会议讨论的情况，发表在1981年出版的《对类人怪物的审讯，早期记录与现代证据》这本文集中。

科学考察

在理论研究的同时，对雪人的实地调查也一直在进行，其目标是寻找这种野人的脚印并找到他们。

传统上认为，雪人是同喜马拉雅山联系在一起的。但是在最近20年间，类似的野人和他们的脚印也曾在美国和加拿大的太平洋沿岸的山脉地带时有发现。

一名美国的摄影师在2007年9月意外拍摄到这个奇异生物，它全身长毛、用四肢屈膝行走，这个大怪物也因此轰动全球。

另外一支考察团则是在文殊河河岸沙地上发现了3枚脚印，其中一枚脚印长约33公分，特别清晰，极有可能是在被发现前24小时留下的。

美国人类学家克兰茨研究了在北美发现的野人脚印，并根据脚印复制了一只野人的脚，它同人的脚形极为不同，然而它的某些特点同尼安德特人的脚化石的特征却是一致的。

2007年12月，一支美国考察队发布消息称，他们在喜马拉雅山脉珠穆朗玛峰地区尼泊尔一侧发现了雪人足迹。

这支由9名美国电视台工作人员和14名尼泊尔人组成的考察

队是于11月24日离开尼首都加德满都，前往尼东部的昆布地区进行考察和摄影活动的。

11月30日，他们带着一只雪人足迹模型和有关"雪人"踪迹的影像资料回到加德满都。

考察队在当天举行的新闻发布会上说，一名尼泊尔向导11月28日晚上在海拔2850米的喜马拉雅山谷地带的河边发现了雪人足迹。

这名向导说："我当时非常激动，马上把考察队的人都叫到现场。他们带来摄影机和相机，并为足印做了模型。我们发现，最大的足迹约有30多公分长。"

这名向导还说："当然，还有一些小的足迹不够清晰。但我们确信，这就是我们要找的那种微驼着背、直立行走、长着黑色

长毛、类似猿人的雪人。"考察队表示，他们将对此进行进一步的科学考察和研究。

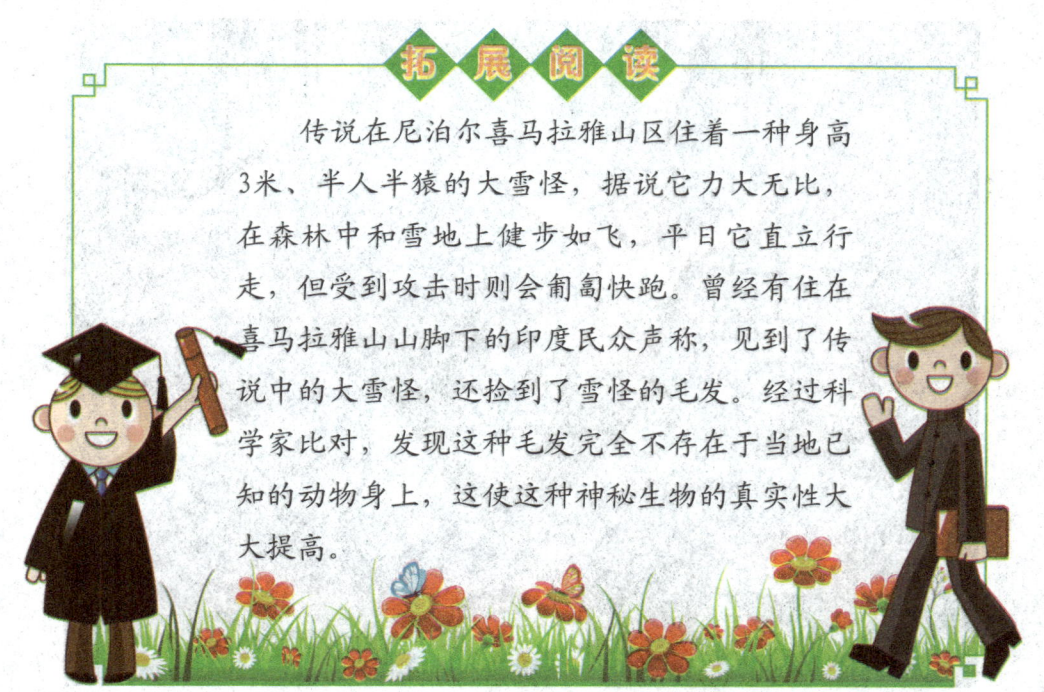

拓展阅读

传说在尼泊尔喜马拉雅山区住着一种身高3米、半人半猿的大雪怪，据说它力大无比，在森林中和雪地上健步如飞，平日它直立行走，但受到攻击时则会匍匐快跑。曾经有住在喜马拉雅山山脚下的印度民众声称，见到了传说中的大雪怪，还捡到了雪怪的毛发。经过科学家比对，发现这种毛发完全不存在于当地已知的动物身上，这使这种神秘生物的真实性大大提高。

海底怪物来自哪儿

神秘莫测的海底人

在神秘莫测的大西洋底，生活着一种奇特的人类，他们修建了金碧辉煌的海底城市，创造了辉煌的历史，无忧无虑地和海底的生物一起生活着。

忽然有一天，有些海底人感到孤独了，便好奇地浮出海面，

混入陆地的人类之中，于是，一系列有趣的事情发生了……读过科幻小说《大西洋底来的人》的读者对这些故事都不会陌生，也许许多读者都会问：大洋底下真的生活着另一种人类吗？

对于这个问题，目前尚无法给予明确回答，毕竟我们生活在这个巨大的星球上，而人类目前的认识水平还极有限，还有许许多多我们尚未认识的事物。

虽然现在还没有确凿的证据证明海底生活着某种人类，但是，有关海底有人生活的传闻却不断，而且说得有鼻子有眼，令人惊讶无比。

发现蛤蟆人

1938年，在爱沙尼亚的朱明达海滩上，发现了一个"鸡胸、扁嘴、圆脑袋"的"蛤蟆人"。当它发现有人跟踪时，便迅速地跳进波罗的海，其速度之快，使人几乎看不见其双腿。这大概是第一例有关海底人的目击案例。

1963年，美国潜艇在波多黎各东海岸发现了一个怪物，它既不是鱼，也不

是兽，而是一艘带螺旋桨的"水底船"，时速可达280千米，这是人类现代科技所无法比拟的。

据说当时美国海军有13个作战单位上的人都看见了它，并分头派出了驱逐舰和潜艇进行追踪，但不到4个小时，这头怪物即消失得无影无踪。

1973年，在大西洋斯特里海湾，莫尼船长发现水下有一艘类似雪茄的"船"，其长约40米至50米，正以很快的速度航行，并直奔莫尼的船而来，正当莫尼船长准备应对时，它却悄然绕船而过。

1993年7月，美英科学家在大西洋大约1000米深的海底发现了两座大型金字塔，很像水晶玻璃建造的，边长约为100米，高约200米。

科学假说

大部分科学家认为海底人是史前人类的另一分支，理由是人类起源于海洋，现代人类的许多习惯及器官明显地保留着这方面

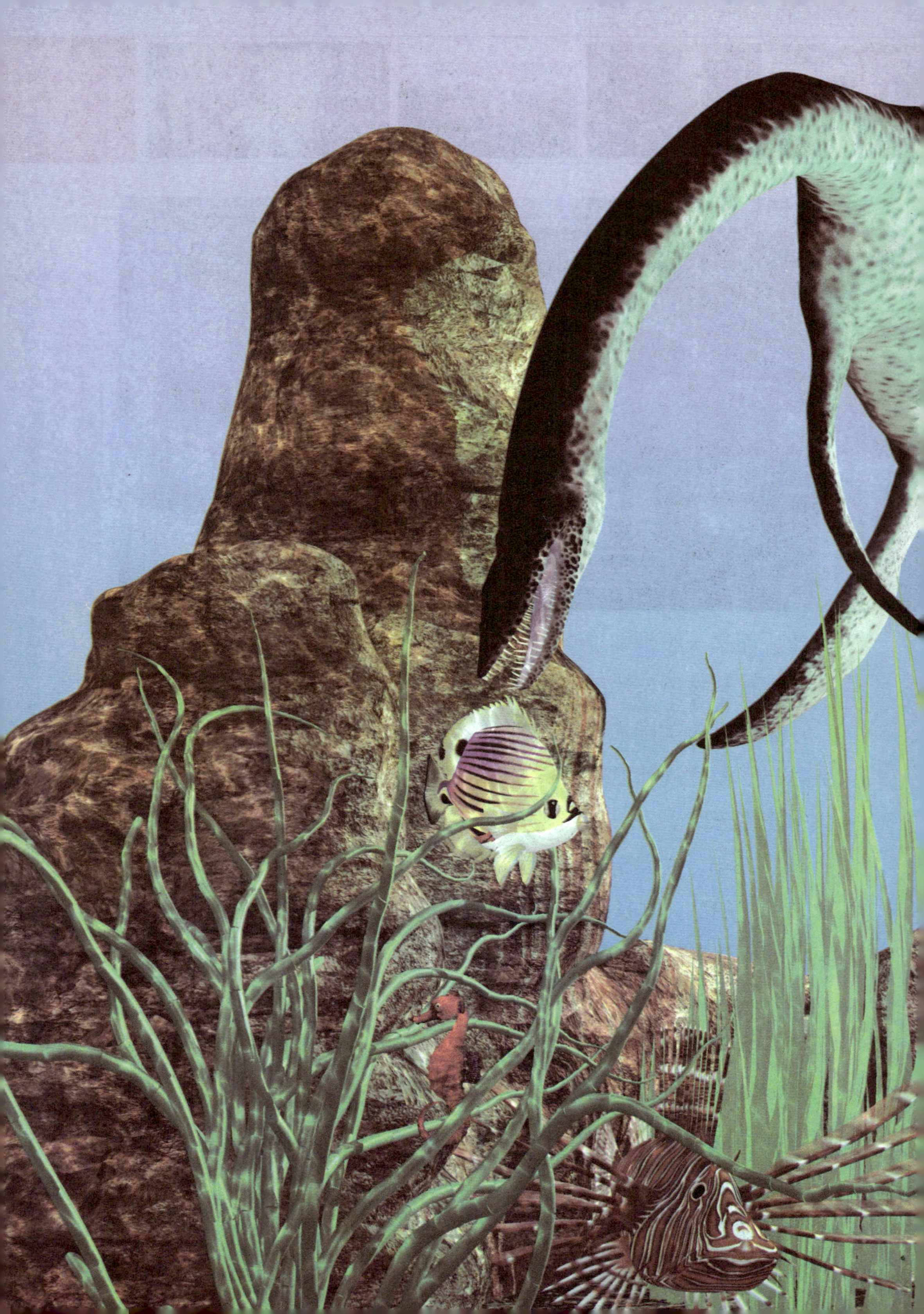

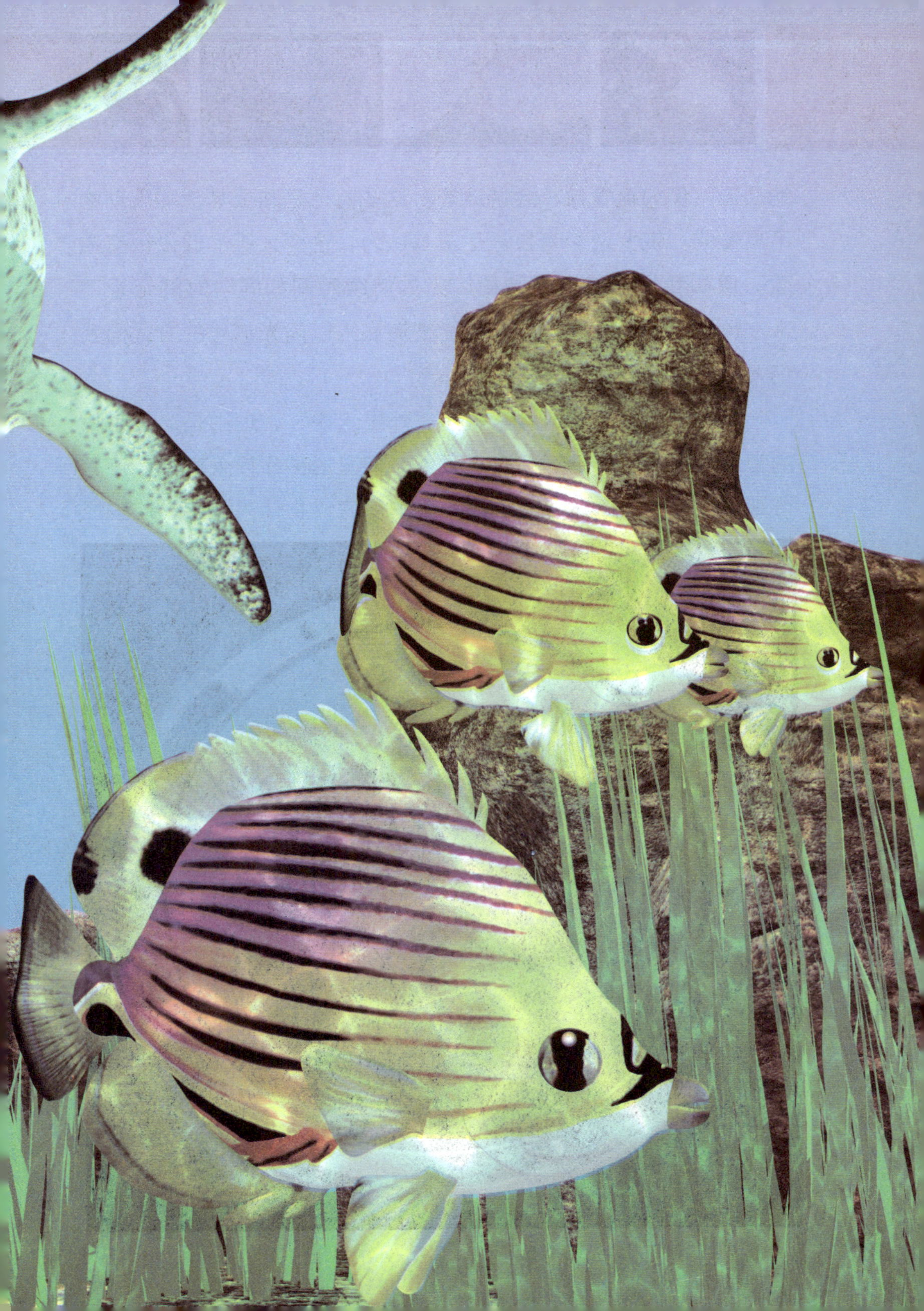

的痕迹，例如喜食盐、会游泳等。这些特征是陆上其他哺乳动物不具备的。俄罗斯学者鲁德尼茨基认为，这个大胆的假设很有道理。假如我们能把海洋神秘闪光的持续时间和间隔时间记录下来，也许现代化的电子计算机能把海底人以闪光信号的方式向我们大陆人类发出的信息破译出来。

然而，也有少数科学家支持"外星人说"，理由是这些生物的智慧和科技水平远远超过了人类。但是这种假设太离奇，没有得到多数科学家的认可。越来越多的海底怪物让人疑惑，这些怪

物是人类从海洋里爬上来后还有一个支脉留在海洋深处？还是来自外星的文明？这一切都有待研究证实。

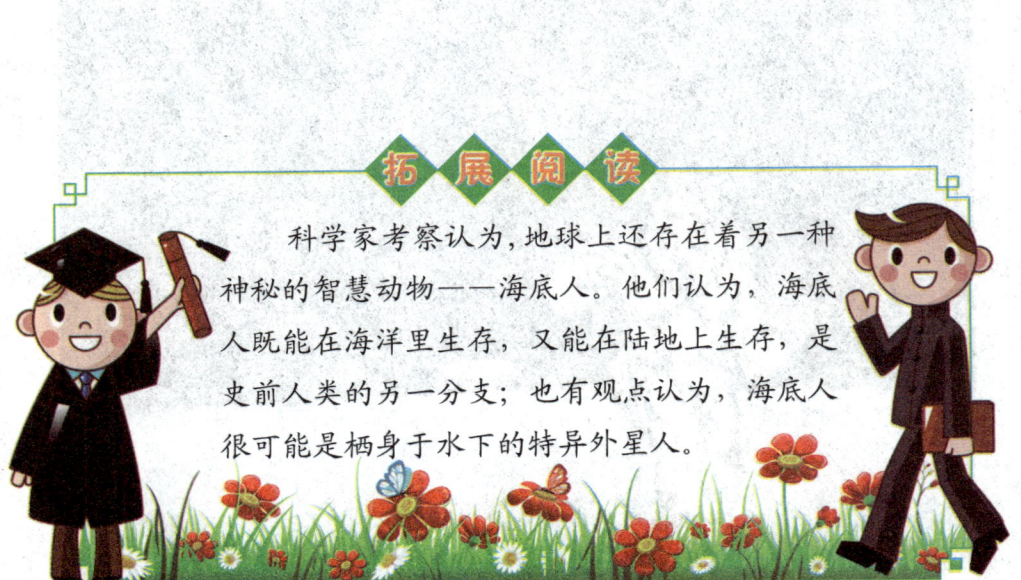

拓展阅读

科学家考察认为，地球上还存在着另一种神秘的智慧动物——海底人。他们认为，海底人既能在海洋里生存，又能在陆地上生存，是史前人类的另一分支；也有观点认为，海底人很可能是栖身于水下的特异外星人。

神出鬼没的多毛怪物

俄罗斯野人

在西伯利亚,有许多关于俄罗斯野人的传闻,据称俄罗斯野人有两种类型,一种非常像人,而另一种是大型动物的变种。所有的报道,都由于有民间故事和传说的润色,而使内容更为完整。前一种似人的野人,一般只出现在西伯利亚东北部的雅库特地区。后一种野人,则分散地出现于西伯利亚地带,这是真正名

副其实的辽阔地域，东西的最长距离有8000千米。我们发现，人们对西伯利亚各地野人的描述，有惊人的相似之处。这些多毛动物在冻土地带和针叶森林中神出鬼没，于是引出许多令人难以置信的故事。

西伯利亚的荒凉和辽阔是难以想象的，它的整个面积超过1200平方千米。20世纪中叶，尽管苏联政府鼓励向这片大原野移民，但这里的人口密度仍然很低。西伯利亚的土生土长的居民大都是半游牧的驯鹿人家。

关于野人的故事，很大一部分就是这些牧民述说的，其他部分则是科学工作者和学者们的报道。

这些外来客出于业余爱好，对考察野人产生浓厚的兴趣，他们借助当地居民的描述来核对资料。很多戏剧性的见闻，往往就

发生在当地人劳动的地方。

当地居民的讲述

当地一个居民讲述了他和同伴们目击野人的故事：

在离河300米的地方，我和两个成年人、6个男孩，正在堆集干草。附近有一间草屋，是割草时临时居住的地方。突然，我们发现，河对岸有两个从未见过的怪物，一个矮而黑，另一个身高超过两米，身子灰白色。

它们看起来像人，但我们立即认出并不是人。大家都停止割草，呆呆地看它们在干什么。只见它们围着一棵大柳树转。大的白怪物在前面跑，小的黑怪物在后面追，像是在玩耍，跑得非常快。它们赤身裸体，奔跑了几分钟后，飞快地跑远，然后就不见了。我们赶快跑回小屋，待了整整一个小时，不敢出来，然后，我们就抄起手边的东西当武器，带上一支枪，乘一艘小船，驶向对岸怪物玩耍过的地方。

到达那里后，我们在柳树的四周见到许多大大小小的足印。

我已记不起小脚印的大小，但当时注意观察了大的足印，确实很大，像是穿冬季大皮靴留下的印记，不过脚趾看来是明显分开的。较清楚的大足印共有6个，长度都差不多。脚趾不像人的一样并在一起，而是略分开一些。

拓展阅读

考察者搜集的野人资料表明：野人经常偷走猎户猎杀的动物尸体。由此可以断定，野人是食肉类种。学者推测，西伯利亚野人在进化过程中，出现了退化现象，也正是这一现象的存在，才使野人成为西伯利亚一大谜团。

野人可能是猩猩吗

墨脱传说

在我国西藏墨脱这个藏传佛教信徒向往的莲花胜地，有美丽的传说，有迷人的景色，有奇怪的动物，墨脱野人就是这片土地上最神秘莫测的一个。墨脱的门巴人称野人为"则市"。

据当地人说，野人身高比普通人高，头比普通人的大，额头比较突出，耳朵和嘴非常大，鼻子却很小。它们的头发比较长，

可以垂到眼睛上，颜色为黑红、紫红和棕红。野人的肩很宽，背比较驼，能像人一样直立行走，并且有自己独特的语言。

据当地人统计，原始森林里曾经住着11个野人，它们都是单独行动，从没有看到过有两个以上的野人同时出现。有人曾深入原始森林中去寻找野人，发现野人居住的草窝很温暖。睡的地方下面铺满竹子，上面垫了一层厚厚的稻草，而且它们只会在一个睡觉的地方逗留一晚。

野人的粪便与人的粪便非常相似，从里面一些没有消化的食物残渣中可以看出，野人以野果、坚果为食。

野人故事

从前墨脱有位姑娘上山砍柴，被一个雄性野人抓进山洞里。野人对姑娘一片痴情，它很怕姑娘逃走，每天抱着姑娘一同去山林采野果，喝山泉。日子久了，野人感觉到姑娘不会再逃走了，便放松了对她的防范。

083

有一天，姑娘指着洞顶上的一块巨石，用手比划着说，石头要是掉下来会砸伤自己。野人明白了她的意思，便迅速用双手托住石头。姑娘走出洞外，看到野人没有追过来，便乘机逃走了。一个多月过去了，姑娘养好了身体领着村里人来到了山洞。但他们发现野人已经死了，而它的双手仍顶着巨石矗立在那里。

有关研究

古脊椎动物与古人类研究人员提出，如果墨脱县的这个动物真的存在的话，最多是灵长类动物的一个旁支，和人类的演化没有任何关系，也就是说它很有可能是猩猩。

而坚持相信墨脱野人存在的人士则称，当地的原始森林里四季如春，里面长有多种食用的果实和坚果，因此野人有适宜的居住条件和丰富的食物来源。而由于当地复杂的地形并不利于人们

对它们的寻找，所以才未能捕获。近几年来，有人曾经对墨脱的野人问题做过考察，但由于没有获得可靠的证据，所以对其存在与否仍无定论。

拓展阅读

在墨脱，关于野人的传说很多。据说，野人特别高大，有两米多高，身上长有黑色长毛，能直立行走，雌的有丰满的乳房，极喜欢追逐男人。当人们与它相遇时，朝山下跑能逃脱，因为乳房挡住它的视线，使它不敢快速追赶。

野人是否属于人类

鉴定方法

在不断寻找现代人祖先的过程中,科学家们渐渐摸索出了鉴定出土古人化石的三个标准:

一是大脑的大小；二是身体是否直立；三是牙齿是否展开。但是，迄今为止，他们能够找到的人骨化石实在太少了。而这样少的化石很难勾画出世界上第一个现代人的大致轮廓。也许，原因在于当时世界上第一代现代人数量太少了。

站立人奥秘

现代人和猿人之间的缺环至今仍是一个奥秘。这里说的缺环是站立的人，他在原始上接近现代人，但迄今为止人们仍然不清楚它同人们称的猿人是什么关系。站立在人进化成为现代人的过程中并不是一次完成的。

进化史曾出现一个奇怪的时期：自然进入站立人的时期时，便决定分两条道路去寻找人的最高形式。我们来自这两条道路中的一条道路，而另一条道路上则出现了另外一种人，人们称他们为"尼安德特人"。目前有许多头骨和骨架是来自这个阶段后期的两条不同的进化道路，从而很容易对此阶段人的生活作一个设想。但尽管如此，人类种族起源仍是一个谜团。

野人是外星人吗

野人是不是来到地球上的外星人呢？这也是令人难以相信的。而外星人如果真的来到了我们的地球上，他们的智力当然要比地球人发达。他们来到地球也一定是为了科学考察，甚至与地球人交往，因而他们身上一定带有我们不认识的先进设备。他们用不着在深山老林里躲躲闪闪，更不用像地球上没有智慧的动物一样在野外活动。

专家观点

世界上许多专家认为，所谓的野人也许是外星人发送到地球上来的试验品，如同地球人发送到月球上去的动物试验品，这种说法不是没有道理的。

各地见到的野人

形象都不大一样，也许外星人发来的试验品也像地球人进行试验时一样，有时用狗，有时则用猴子。

拓展阅读

目前发现的野人一般都单独活动，并且不在同一个地区反复出现。也许外星人将它们发送来，在完成试验后，又接回去了吧！

野人的毛发和脚印

毛发检测

人类现已拥有数以千计的野人毛发标本，以红色为主，长短不一，发型或直或波曲，多数来自"祖传家藏"，也有极少数是在野外树丛里捡到的。

研究人员将数十份标本通过各种手段进行检测，包括普通光学显微镜和电子显微镜检测，褪色试验，质子激活法——微量元

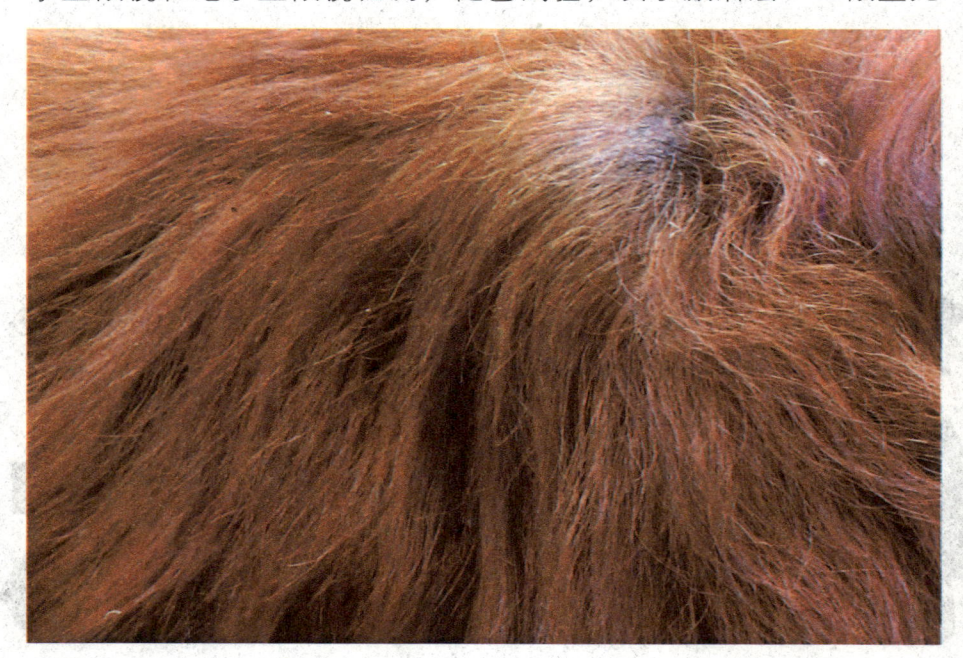

素与荧光分析，角蛋白分析，电聚焦血型分析以及DNA检测法，作为对照的材料包括人、猩猩、牦牛及各种猴类等的毛发。

检测的结果，除部分证明为已知动物，如牦牛或人发，多数与对照物有差别，但也无法肯定是野人，关键是缺乏真正属于野人的毛发来作为对照。

毛发困惑

毛发标本中最令人困惑的是它的红色。早在宋代赵晋《养菏漫笔》中就已提及"狒狒……发可为朱缨"，即野人的红毛可作为缨用。在哺乳动物中尚未发现鲜红毛发的例子，有的毛发明显是染成的，但究竟用什么颜料染成尚不得而知。

美国方面专家曾检测了一份红毛，发现是人发染成的，并且居然是高加索白色人种的，而非黄种人的头发，它从何而来令人百思不得其解。总之，野人毛发，特别是红色毛发，值得深入研究。

脚印困惑

1977年8月在神农架八角庙龙洞沟一次大规模围捕野人的活动中，发现了不明动物留下的脚印，脚印全长0.245米，前端宽0.114米，大趾与第二趾夹角40度，无脚弓，似保留有抓握机能，直立行走功能不完善。

脚印与毛发一样，同属令人困惑的证据。目前已发现不下2000个脚印，除单种少数几个连为一体外，还发现一长串的脚印，但所做模型不多，并且质量欠佳。

除在九龙山、元宝山、神农架等处，在新疆阿尔金山自然保护区的荒漠上也曾发现巨大的人形脚印。这究竟是什么动物留下的呢？真是野人的吗？确实令人费解。

国外学者也面临同样的困惑。喜马拉雅山上的雪人脚印，北美密林中"沙斯夸支——大脚野人"的大脚印，脚印上甚至还有趾纹与跖纹的印痕。

已有一些原先不相信雪人和"沙斯夸支"的科学家，在亲眼目睹到新鲜脚印后转变了怀疑的态度。

也正是这些脚印令我们相信，至少还有5%的野人存在的可能性，这已很值得我们去探索了。

拓展阅读

在国外也发现过野人毛发。经有关学术机构的检验，将其与多达90多种已知动物的毛发对照，也未能鉴定出究竟属何种动物，当然，由于缺乏真正的野人的资料，也无法肯定就是野人的。

由来已久的野人传说

追溯根源

　　神农架关于野人的传说由来已久，最早可追溯至公元前4世纪至5世纪战国时期成书的《山海经》。《山海经·中次九经》中提到"熊山"，即今鄂西北神农架中有一种身高一丈左右，浑身

长毛、长发、健走、善笑的"赣巨人",或称为"枭阳"、"狒狒"的动物。

西汉时期成书的《尔雅》中记载:"狒狒"人形长丈,面黑色,身有毛,若反踵,见人而笑。这种动物就是我们所说的野人。

更早一些,甚至还可以追溯至公元前1024年,即距今3000年前,我国古代人就捉到了一对野人献给了周成王。

以野人为题的诗

战国时期,出生在神农架附近湖北秭归楚国著名的诗人屈原在他的《楚辞·九歌》中,也曾经以野人为题材,写过一首《山鬼》的诗:"若有人兮山之阿,彼薜荔兮带女萝,既含睇兮又宜笑,予慕予兮善窈窕。"

野人形象

屈原在这里描写的野人形象是:似人非人,站在山梁子上,

他披挂着薜荔藤，带系松萝蔓，多疑善笑，羞羞答答。

400年前的晋朝，在湖北房县（今神农架林大部分地区原属房县管辖），也有关于野人的记载。如《尔雅翼》中说："猩猩如妇人，披发、袒足、无膝、群行，遇人则手掩其形，谓之'野人'。"

在我国南北朝时期，我国古代人不仅捉到过野人献给皇帝，而且还给野人画了画像。

1977年，在房县高碑大队出土的西汉古墓中，一块作为陪葬的铜铸的摇钱树九子灯上，就有野人的画像。为我们留下了珍贵的野人资料。1870年，由王严恭纂修的《郧阳府志·房县》中记

载道:"房山在城南四十里,高险幽远,四面石洞如房,多毛人,修丈余,遍体生毛,时出山啮人鸡犬,拒者必遭攫搏,以炮枪之,铅子落地,不能伤……"这里的毛人即指野人。

近代记载

1925年至1942年间,房县有多次活捉和打死野人的记载,活捉以后,还绑着在房县大街上示众。1960年原林区党委宣传部部长冯明也说:"在山上看到一个野人,头发很长,颜色很红,身子前面的毛是紫红色。跟我在一起的5个生产队干部都看到了。他们吼了一声,'野人'才站起来走入老林中去了。"

1976年目击野人事件

1976年5月14日凌晨1时许，一辆吉普车沿湖北省房县、神农架交界的公路蜿蜒行驶，除了司机，车上还有神农架林区党委政府的5名干部。当吉普车经过海拔1700米的椿树垭时，司机蔡先志突然发现，前方道路上有一个奇怪的动物正佝偻着身子迎面走来。

当时车上的人都在打瞌睡，蔡先志一边提醒车内人注意，一边加大油门向那个奇怪动物冲去，想把它撞倒在地。眼看就要撞上了，那个动物突然敏捷地闪到路旁。蔡先志立刻来了个急刹车。

就在人们纷纷下车之际，这个奇怪动物也惊慌地向路边的山坡爬去。山坡又高又陡，它跌了下来，蹲在地上，两眼盯着雪亮的车灯。几分钟的对峙，给了在场6个人同时近距离观察这个奇异人形动物的机会。此后虽然多年过去了，大家都还清楚地记得它的一些特征。那个动物浑身是红毛，脸蛋上也有毛，但是很浅，头发比较长，脸很像毛驴，耳朵是竖起来的，颧骨高，两个眼睛很圆，没有

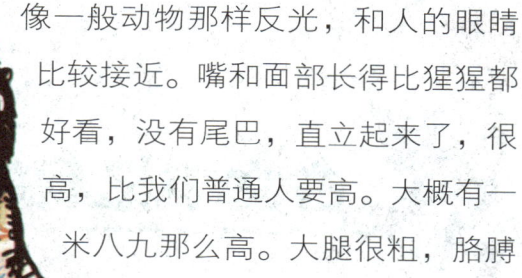

像一般动物那样反光，和人的眼睛比较接近。嘴和面部长得比猩猩都好看，没有尾巴，直立起来了，很高，比我们普通人要高。大概有一米八九那么高。大腿很粗，胳膊也很粗。

事实上，以上这些记载已不是单纯的传说了，而是实实在在的见闻。由此可见，有关野人的传说并不是空穴来风。

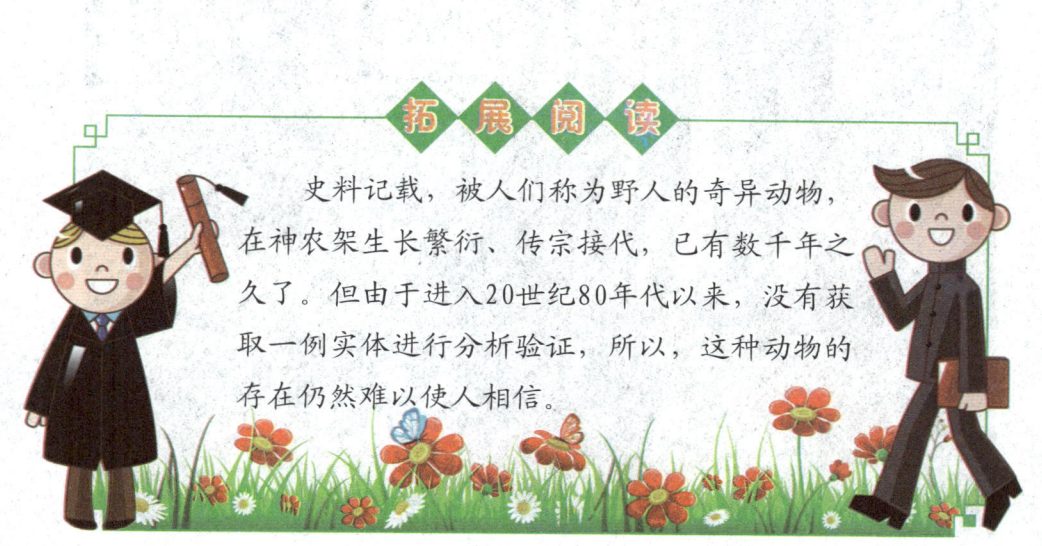

拓展阅读

史料记载，被人们称为野人的奇异动物，在神农架生长繁衍、传宗接代，已有数千年之久了。但由于进入20世纪80年代以来，没有获取一例实体进行分析验证，所以，这种动物的存在仍然难以使人相信。

古文中记载的野人

相关文献

在我国古代文献中有丰富的关于野人的记载，如战国时期《山海经》、西汉时期《尔雅》、六朝时期《述异记》、唐朝时期《酉阳杂俎》等古书中记载了华南地区的巨型人形动物"赣巨人"、"狒狒"等。

特别是明代大药物学家李时珍的巨著《本草纲目》中对野人有着详尽的记述。

他在描述被称为人熊的人形动物时称：

其面似人，红赤色，毛似猕猴，有尾，能人言，如鸟声，睡则倚物。获人则见笑而食之，猎人因以竹筒贯臂诱之，俟其笑时，抽手以锥钉其唇著额，候死取之。

有图的文献

《山海经》以及清代的《古今图书集成》上均载有野人的形象图。据考究，早在18世纪末，北京出版的藏文典籍——《诊断不同疾病的解剖学辞典》中出现"熊"的形象，图画上这头"人形动物"站在岩石上，正符合当地对"石人"，即雪人的描述——因为它喜欢生活在多岩石的峭壁上。

地方志记载

在各地的地方志中常有野人之类的记载，特别是那些现今仍在流传有野人活动的地区，当地的乡土志中概无例外，均有此类

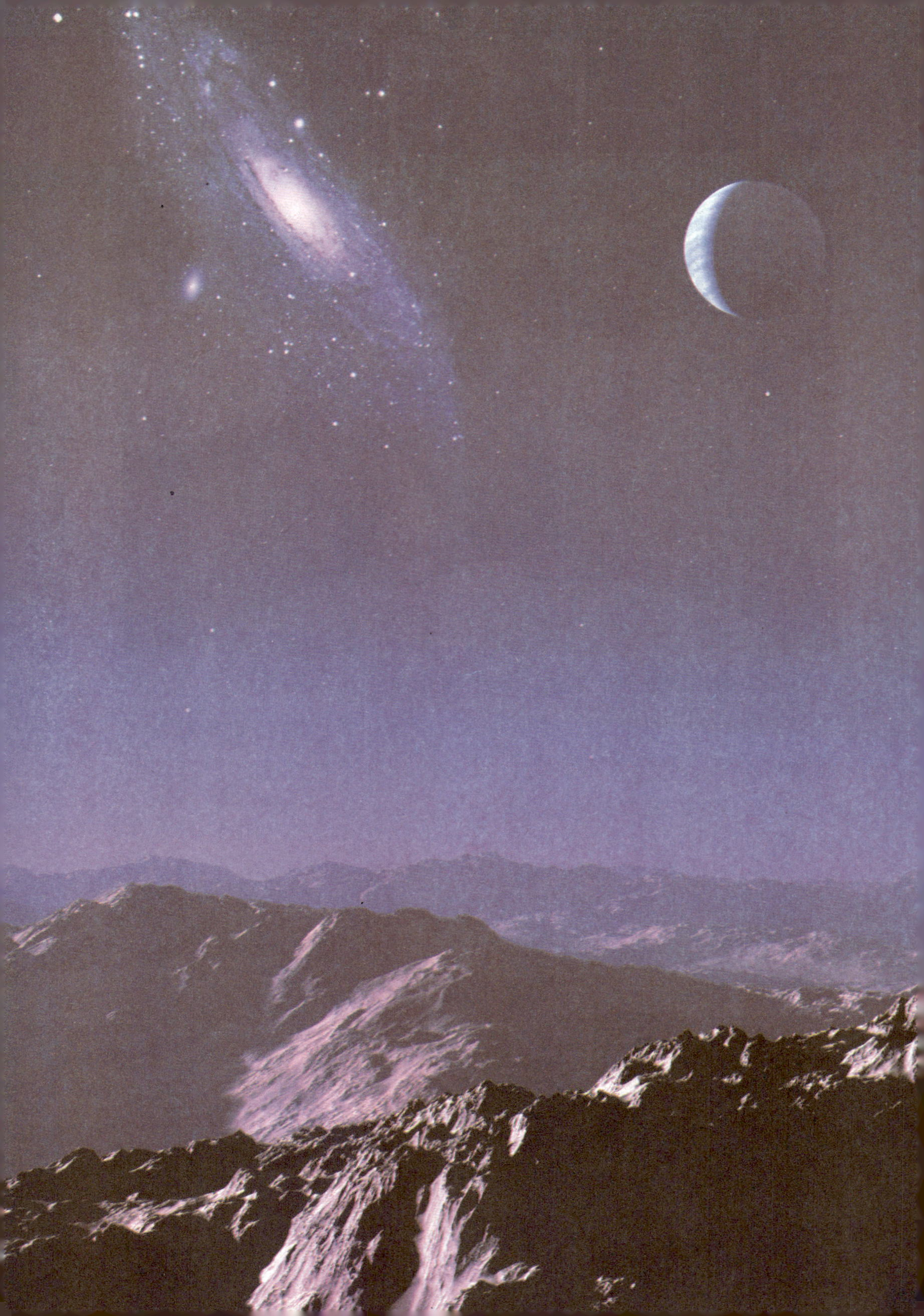

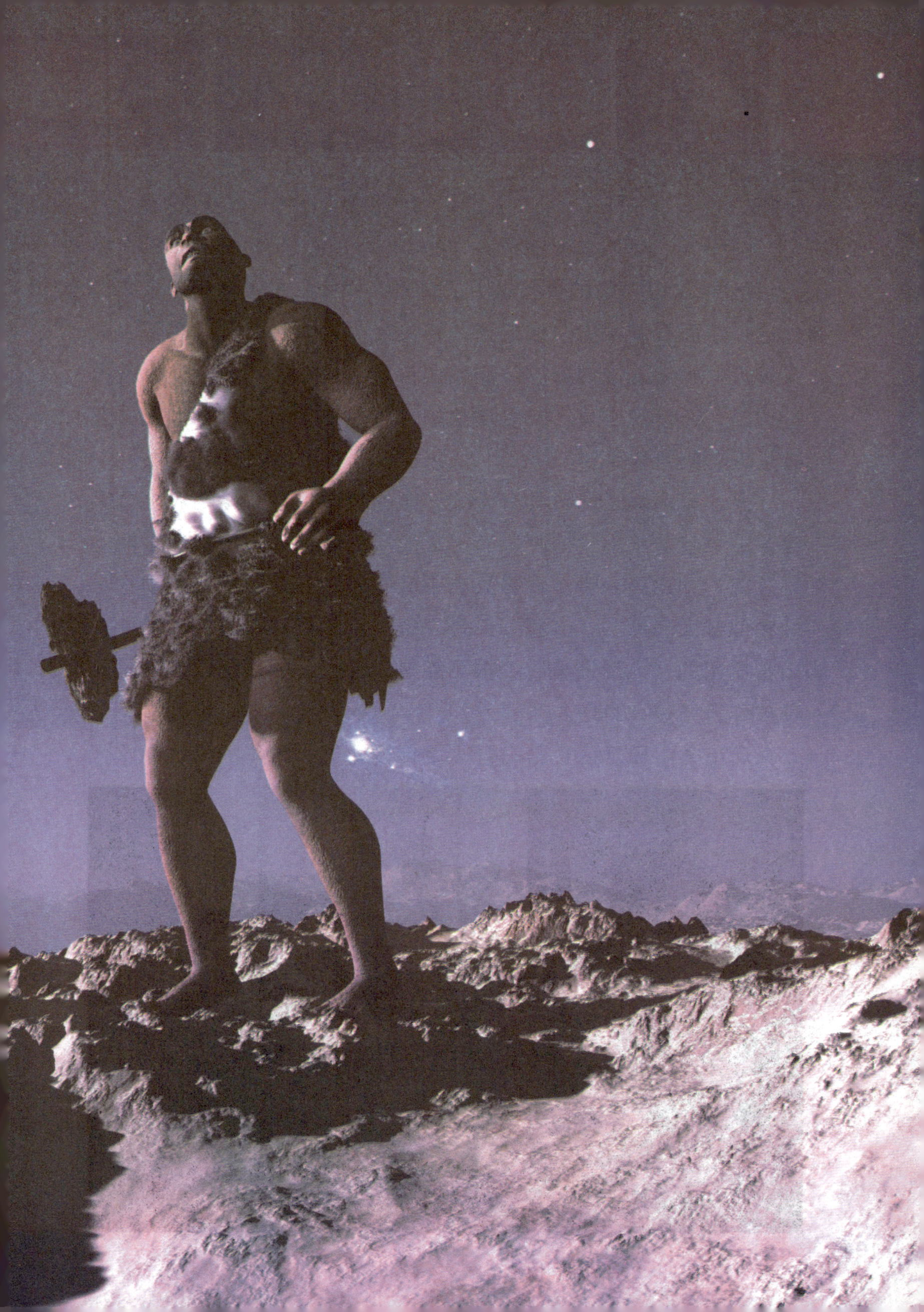

记载。

例如湖北神农架地区的"毛人"——它是我国最著名的野人，早在200多年前的乡土志中记载着："房山在城南40米，高险幽远，四面石洞如房，多毛人，长丈余，遍体生毛，经常下山食人鸡犬，拒者必遭攫搏。"而且很有趣的是在这一地区进行考古挖掘时，还发现一具2000多年前的灯具——"九子灯"，上面竟有毛人形象的装饰品。

浙江丽水地区遂昌县有人关于熊的传说，李时珍的《本草纲目》一书就曾指出"处州"有"人熊"的事，处州即指现今丽水县东南，即遂昌一带。遂昌县志中载有一种名为"猨"的动物："猨似猴大而黑"，"猨"又是"猿"字的俗写，盛传遂昌九龙山曾打死的"人形怪兽"，很可能是一种大型的短尾猴，即是此种被称为"猨"的野人。

河南省中原地区也曾有野人之传说，据张维华的考证，汉代

在秦岭和南阳一带有被称为"玃"的野人行迹；东汉学者张衡曾在其《南都赋》中，对"玃"作过记述。

据称宋时都城汴梁，即今河南省开封市和明时淅川县的埠口，即今丹江水库区，均有所谓野人活动的记载。

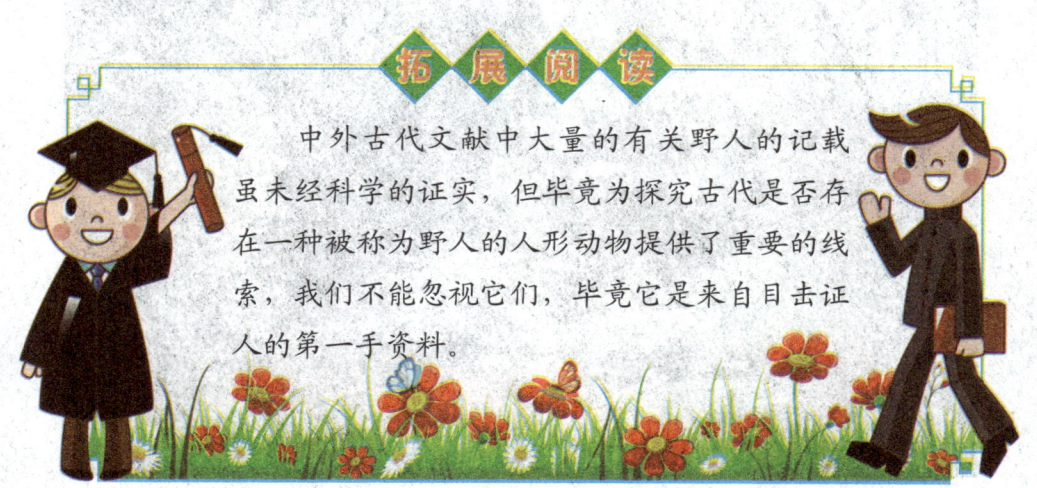

拓展阅读

中外古代文献中大量的有关野人的记载虽未经科学的证实，但毕竟为探究古代是否存在一种被称为野人的人形动物提供了重要的线索，我们不能忽视它们，毕竟它是来自目击证人的第一手资料。

野人的科学考察

我国野人考察

对野人进行科学考察和研究是在新中国成立后才开始的。几十年来，我国科学工作者对野人进行过多次考察，尤其是在鄂西北神农架一带，从1976年开始，由中国科学院与有关单位组织的多次进山考察，取得了可喜的成果。

除此之外，在我国的四川、陕西、甘肃、西藏、新疆、广

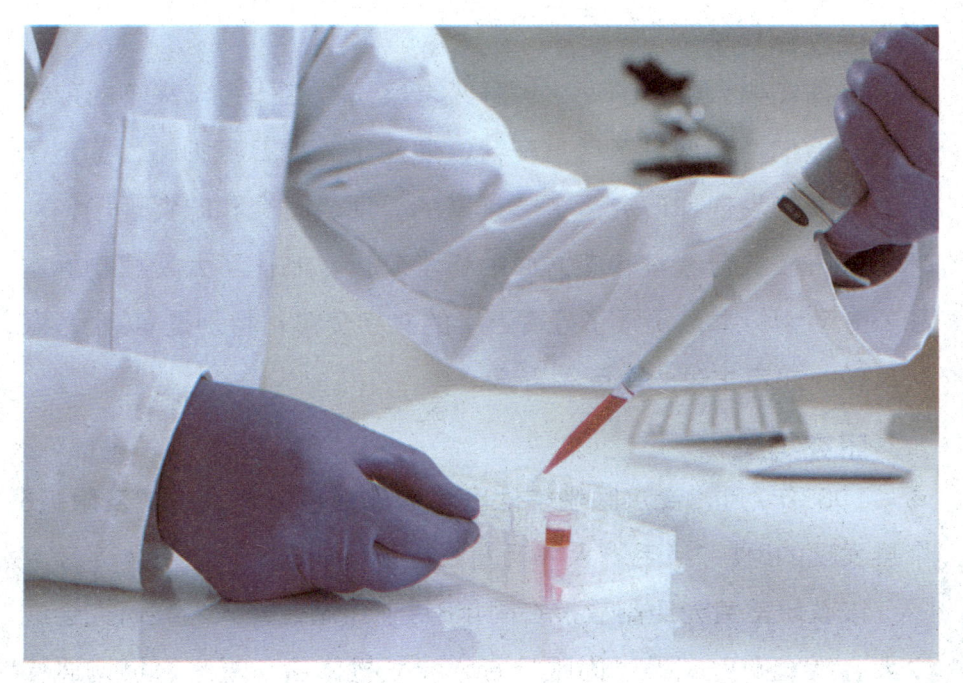

西、贵州、云南等10多个省区都有野人行踪的报告，现今唯一可惜的是没有一例活野人被抓获。

西藏野人考察

我国最早进行野人考察的是在西藏喜马拉雅山区。雅鲁藏布江中下游、喜马拉雅山南地区及东部峡谷区都生长着茂密的原始森林，盛产野果及各种动物。

原始森林保存最好、面积最大的野人避难所恐怕就属辽阔的喜马拉雅山了。藏族及舍巴人常见雪人或野人是很自然的。20世纪80年代中期，中国野人考察研究会会员、西藏文联作家肖蒂岩经过几个月的初步调查，从领导干部、各方群众中了解到许多重要情况和线索。在拉萨召开的藏族学术讨论会上，四川大学童恩正副教授作了《西藏高原——人类起源的摇篮》的学术报告。

成立研究会

以神农架为中心的湖北省野人考察研究工作多年来不断取得进展，他们广泛搜集了目击资料，灌注了一批石膏脚印，鉴定了一些毛发。发现和研究了多起可疑的粪便、睡窝和吃食现场，对环境进行了综合考察和多方面的科学分析，制作了大量植物标本和部分动物标本，积累了近百万字的文字资料，特别是有3个考察队员曾一起目击过一个巨型野人。

研究结果

1983年7月，武汉医学院法医学教研室也曾对神农架及附近6个县发现的8种"红毛野人"毛发进行了科学鉴定。

该教研室黄光照副教授在同年8月下旬湖北野人考察研究会成立大会上宣布："通过肉眼检查、光学显微镜下观察、横切面检查及毛小皮印痕检查，发现这8种'野人'毛发，其小皮形状特征

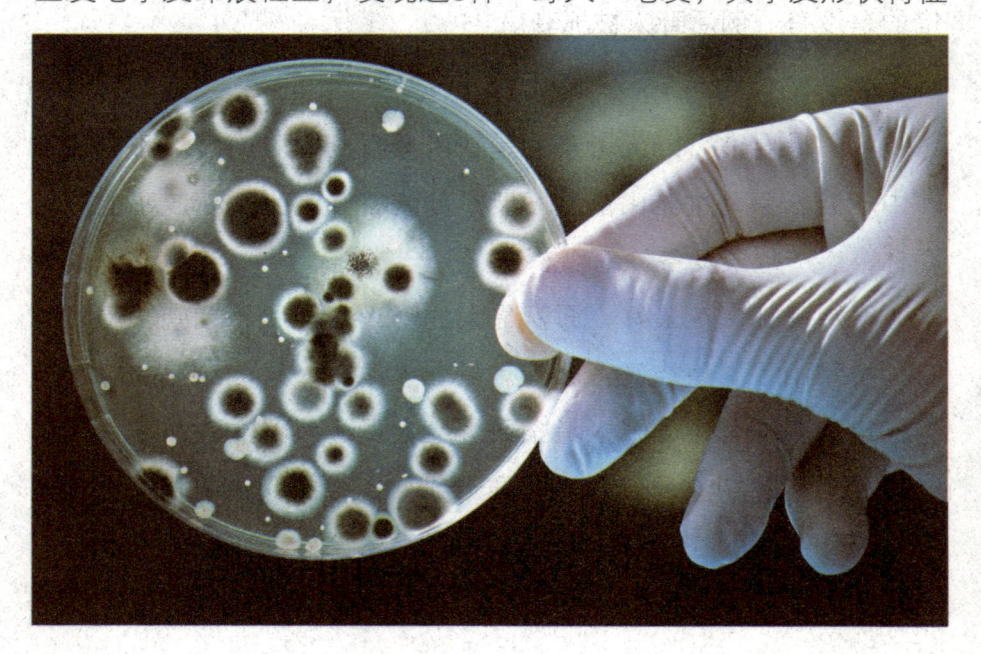

基本上类似人的毛发。"观察所见8种野人毛发，皮质均发达，可见纵间细纤维，皮质色素颗粒少，并且多呈外围性分布。

这说明8种野人毛发皮质的组织学特点与人类相似，而与大猩猩、金丝猴、猿猴、长臂猿等灵长类动物毛有较大差异，明显不同于猪、狗熊、绵羊等动物毛发的特点。

拓展阅读

考察队在野人出没的地方发现了野人的6堆粪便，他们从这些粪便中，发现了未消化的果皮、野栗皮等残渣和大量的昆虫蛹皮。野人粪便直径0.025米，这些粪便与熊、猴、猩猩的均不相同，并且又与人的粪便有差异。

搜集野人的证据

毛发鉴定

1977年6月19日晚,湖北省野人考察队队员李健接到一个紧急电话,说房县桥上公社群力大队女社员龚玉兰和她4岁的儿子杨明安在水池垭路遇野人,"野考"队员黄石波等人立刻赶到现场,找到龚玉兰了解情况。在龚玉兰的带领下,他们找到野人蹭

痒的那棵大松树,并在那棵树上取下几十根棕褐色的毛。毛是从1.3米至1.8米高处的树干上找到的。从形状、粗细来看,与人的头发十分相似。

后经武汉、北京等科研部门人员使用显微镜观察,并与灵长目的动物——猕猴、金丝猴、白眉长臂猿、大猩猩、黑猩猩以及现代人的毛发作了比较。结果证明:野人毛主要形态结构特征明显不同于上述灵长目动物。此后又从7个地方找到了7份野人毛发,均是如此。

脚印

在神农架板壁岩下,一次发现100多个脚印,最大的脚印长达0.42米。考察队首次灌注出5个石膏模型。经公安部门技术员鉴定,判断出既不是人的脚印,也不是其他动物的脚印,可能是野

人的脚印。这个野人身高应该2米左右，体重约150千克。

野人窝

作为旁证的另一手材料，就是关于野人窝的3次发现，其共同点是用多根竹子束扭编成沙发状。1980年6月上旬，考察队员在红岩子西南坡海拔2680米的竹林中，发现用箭竹编成的窝，每束竹子约七八根旋转编织，形成沙发椅。长约0.89米，高约1米。同年6月5日，考察队员在枪刀山也发现了用竹子编织的窝，把90根竹子扭成一把，互相压在一起，成圆椅状，长1.5米，距这个窝50米处又发现了0.42米长的野人脚印。如果不用手劳动，是编不出这种窝的。人又没有这样大的力气，所以当时被认为是力大无穷的野人的杰作。

野人粪便

作为另一个有力的证据，就是野人的粪便。1976年11月前，

在靠近神农架的房县蔡子洼东侧，曾有多人多次在这个地方发现过野人，考察队对这里进行了现场搜索，在山梁半坡一个陡崖顶部发现了野人的6堆粪便，都已干燥。经观察，有较多未消化的果皮、野栗皮等残渣，在萧兴扬发现野人的地方找到的粪便中，还发现大量昆虫蛹皮，粪便直径0.025米，这些粪便与熊、猴、猩猩的均不相同，且又与人的粪便有差异。

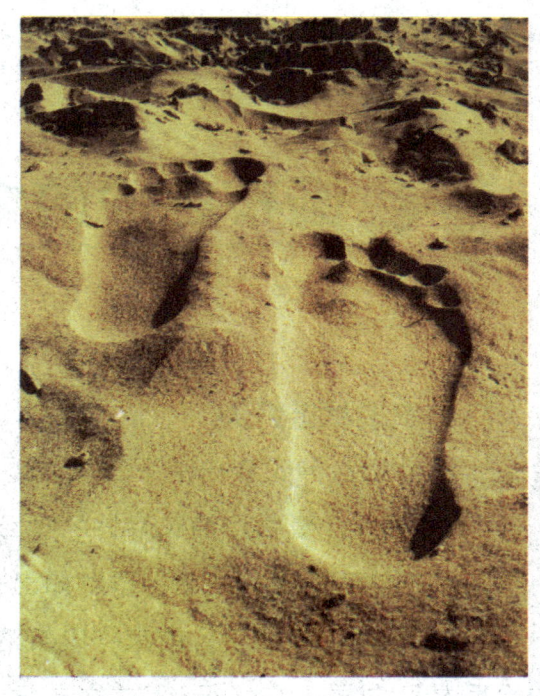

拓展阅读

1980年"野考队"发现近千只野人脚印，最大的脚印长度为0.48米，步幅最大为2.2米。中国野人考察研究会执行主席、华东师大生物系副教授刘民壮断言：脚印是野人存在的间接证据，脚印多证明神农架是野人的老窝，有野人的群体。

遍布各地的中国野人

神农架林区野人

20世纪，神农架一带不断发现野人踪迹，最后一次是在2007年11月20日，事后，神农架林区对目击野人事件立即采取行动，搜集证据。有两位目击者的讲述如出一辙。

2007年11月18日，前来神农架踏勘越野自驾线路的张先生，会同林区向导王东一行5人前往老君山、里叉河一带。中午12时许，快速行进的越野车到达距里叉河管护所约1000米处的简易公

路上。在绕过一个缓弯后，张突然看到前方约50米处的公路上，一高一矮两个浑身黑色的直立的"人"，他们向公路下方向呈右侧对着自己的车，两"人"相距很近，高的似乎还拉着矮的。

发觉来车，反应迅捷的两个"人"，飞身闪入公路下。细心的调查员在灌木丛空隙中，发现在一根距地面1.2米的横挡住去路的小指粗细树枝上，有3个小枝似乎被什么高大高速运动物体往前通过时绊动、挤压从生长部位折断，旁边还有别的树枝被折断的痕迹，地上有明显的不规则连续脚印，步距一米多。

他们还发现落叶腐殖土上的一大一小、同向、前后相邻两个脚印，脚印压痕清晰、完整，并且能够看出均为左脚，但因地表物粗糙，无法看清脚趾头的形状。他们发现，大野人的脚印长0.3米，脚跟部宽约0.08米；掌部宽约0.12米。小野人的脚印长0.18米，外侧稍呈弓形。据目击者张先生讲，两个"人"高的约1.7

米，矮的约1.3米，形体看上去精瘦，浑身似长满黑色毛发，好像当时转过脸来，但没能看清面部。这两个野人身形矫健，反应迅捷，非一般常人所能想象。

秦岭地区的野人

据有关资料记载，20世纪50年代初，现已退休的太原钢铁公司职员攀景泉在秦岭北段进行地质普查时，曾亲眼目睹母子野人。小野人在远处摘栗子，母野人则发出非驴非马的"咕咕"声。

1977年7月21日，陕西省太白山林区护林员杨万春等人与野人相遇。据他们描述，野人高约2.3米，其肩宽于人肩。野人的头发呈暗棕色，长0.3米，散披于两肩上。爬坡速度很快，嘴里会发出"咕哝"的声音。

江西宜黄野人

2006年10月，江西省宜黄县新丰乡仙坪村也报告有野人出现。当月中旬，村民江美华上山采野果时，发现黑色长毛怪物。

他描述当时的情景时说："当时它离我只有一米远。它坐在毛竹林里，本来想看清它的脸，但是被叶子挡住了。有两米多高，正在吃野果，跑的样子和人很像。"

西峡野人

据朱同军讲，他见到野人时大约在1960年夏季，那天他从西峡县二郎坪乡的黑猩沟一座山脉的北坡向南坡翻越，刚翻过山岭时突然下起大雨，他只好躲到一块岩石下避雨。

还没躲避多久，他就看到一个野人从山岭上下来。这个野人有2米高，红褐色的头发很长，遮挡住了眼睛，为此它还边走边撩开眼睛上的毛发。它的步幅很大，遇到挡道的小树，就随手折断，有时还在树枝上蹭蹭痒。

二郎坪乡大庙大队黑猩沟石板村的尤富贵也亲眼见过一次野人：1967年2月的一天，上午8时左右，他刚起床走到门口，就听到门前200米远的山岭上有奇怪的笑声，接着就是像打雷一样的叫声，传到对面的石壁上又返回来。他顺着声音往岭上看，隐约看到一个野人正往山岭最高处走。看样子很高很粗壮，如果捉住的话，恐怕得4个人抬。吓得他赶紧往屋内跑。

　　尤富贵的哥哥尤富申曾在自己家的枣树上拾到一团野人毛。这团毛离地两三米，与以往见到的一模一样，灰的红的黑的长短都有，长的有一尺，短的有七八寸。这团毛很可能是野人串门时留下的。

　　这些在村民口中所谓的野人究竟是什么物种？由于调查时离

目击者看到野人的时间太长，河南博物院研究员张维华无法搜集到野人的毛发与粪便等直接证据，20世纪70年代初期以后野人已经很少出现，张维华更无法深入调查。

张维华认为野人是完全存在的，野人应该是巨猿与中国猿人的表亲，是介于人类与猿猴之间的动物，其骨骼特征介于人猿之间，头盖骨更接近于类人猿。目前虽然在湖北神农架找到了野人的毛发、粪便等，但因为没有找到实体标本，并没有得到生物学界的认可。

拓展阅读

河南博物院研究员张维华调查得知1970年大庙大队付希林年冬天见到过一尺多长的野人毛，也是挂在两三米高的树枝上，当时生产队里十几个人都看到了。付希林还两次在大雪后看到野人的脚印，有一尺五六寸长，步幅有八九尺。

神农架的野人踪迹

神农架野人历史

野人是世界四大谜之一，野人这个称呼，为群众习惯语，由于目前还没有捕捉到活的个体，也没有取得完整的标本，因此，一些科学工作者称之为"奇异动物"。

在目击者讲述的情况中，有的看见被打死的野人，有的挨过打，有的看见野人被活捉，有的被野人抓后又逃了回来，还有

人看见野人在流泪，也有野人向人拍手表示友好。直至1976年5月14日，神农架林区的6位干部在椿树垭同时见到一个红毛野人后，才引起有关方面的重视。

神农架野人考察

从1976年开始，中国科学院和湖北省人民政府有关部门组织科学考察队对神农架野人进行了多次考察。

在海拔2500米的箭竹丛中，考察队发现了用箭竹编成的适合坐躺的野人窝。

这种野人窝由20多根箭竹扭成，人躺其上，视野开阔，舒服如靠椅，经多方面验证，此绝非猎人所为，更不是猴类、熊类所为，它的制造与使用者自然是那介于人和高等灵长目之间的奇异动物了。

对搜集到的野人毛发，科学工作者从光学分析鉴定到镜制片鉴

定，从对毛发微量元素谱研究和微生物学测试等各项研究中所取得的成果表明，野人毛发不仅区别于非灵长类动物，也与灵长类动物有区别，有接近人类头发的特点，但又不尽相同。参加研究的科学家认为，野人属于一种未知的高级灵长类动物。

科学工作者对野人的脚印的观测研究表明：在神农架所发现的野人脚印与已知的灵长类动物的脚印无一等同，比人类的脚落后，比现代高等灵长目动物的后脚进步。两脚直立行走，可确信一种接近于人类的高级灵长类动物的存在。

考察队在神农架还发现了很多野人的粪便，其中最大的一堆重1.6千克，内含果皮之类的残渣和昆虫蛹等，可推想其食物结构。

重启野人科学考察

在搁置了近30年之后，2010年10月11日中国有关专家重新建立起对中部原始林区神农架进行"野人"考察的研究组织，并正

筹划对神农架"野人"进行一次大规模科学考察。

当年75岁的湖北省文物考古研究所研究员、考古人类学家王善才亲自担任研究会副会长领导此次考察工作。

他们与三峡大学共同研究在野外能够长时间保持充足能源的视频设施，用以对"野人"可能出没的重点线路、洞穴进行全天候监控。

王善才表示，此前的考察以搜山为主，没有足够重视栖息地、洞穴的搜索考察，走了很多弯路，今后的考察重点将是洞穴。"现在神农架还有几百公里的广袤丛林没有人进入过，搜寻'野人'有很大空间。"

专家们经过研究和考察，目标区域已经基本锁定：一是神农架自然保护区神农顶、南天门、板壁岩一带，二是神农架林区燕子垭至桂竹源一带，三是房县桥上乡一带。

神农架野人考察意义

考古专家王善才多年来一直在搜集有关"野人"的资料。他认为，在中国长江流域三峡地区古猿、古人类和巨猿化石不断出土，尤其是湖北巴东、建始一带曾出土过数百颗巨猿牙齿化石，证明那里曾是大型灵长类动物的家园。

他说，"野人"如果存在，可能是进化过程中不成功的介于人与猿之间的动物，这种动物理论上已经灭绝。但是，如果有一支像大熊猫一样，存活到现在，这对认识灵长类动物是怎样走过人和猿分家的过程是很有帮助的，也就证明了"在人类进化过程

中，确实存在一种亦猿亦人、非猿非人的高级灵长类动物"。

　　神农架野人是神农架山区客观存在的一种奇异动物，虽然已初步了解到这种动物活动地带和其活动规律，但要揭开这千古之谜，还需要进行一系列的科学考察，神农架旅游委员会已将"野考"作为一项旅游项目。

拓展阅读

　　有一些科学家否认"野人"的存在，理由是迄今为止，人们未能找到令人信服的存在证据，并且数量不够多的动物种群，不可能走过几万年而存活至今。

神秘而古老的神农架

名称来历

神农架的名字来自于一个古老的传说。据传，还在人类处于茹毛饮血的远古时代，瘟疫流行，饥饿折磨着人类，普天之下哀声不断。

为了让天下百姓摆脱灾难的纠缠，神农氏来到鄂西北艰险的高山密林之中，遍尝百草，选种播田，采药治病。但神农氏神通

再大，也无法攀登悬崖峭壁。于是，他搭起36架天梯，登上了峭壁林立的地方，从此，这个地方就叫神农架。后来，搭架的地方长出了一片茂密的原始森林。

地理位置

神农架在三峡峡江北岸，是香溪河的发源地。沿着香溪河沟壑纵横的河道逆流而上，便进入神秘的神农架林区。神农架有6座海拔3000米以上的高峰。整个神农架基本上是沿东西方向延伸，是湖北省境内长江与汉水的分水岭。神秘的神农架以岩壁如削、鹰岩兀起、飞瀑挂岩、云山腰赚、林海茫茫而著称。

参天的古树密林形成了绿色的海洋，从9月至第二年4月，冰雪封山的季节，皑皑白雪遮住了这片神秘莫测的大地。神农架的原始森林高达40余米，遮天蔽日，如青天玉柱，直插云霄，遍布整个神

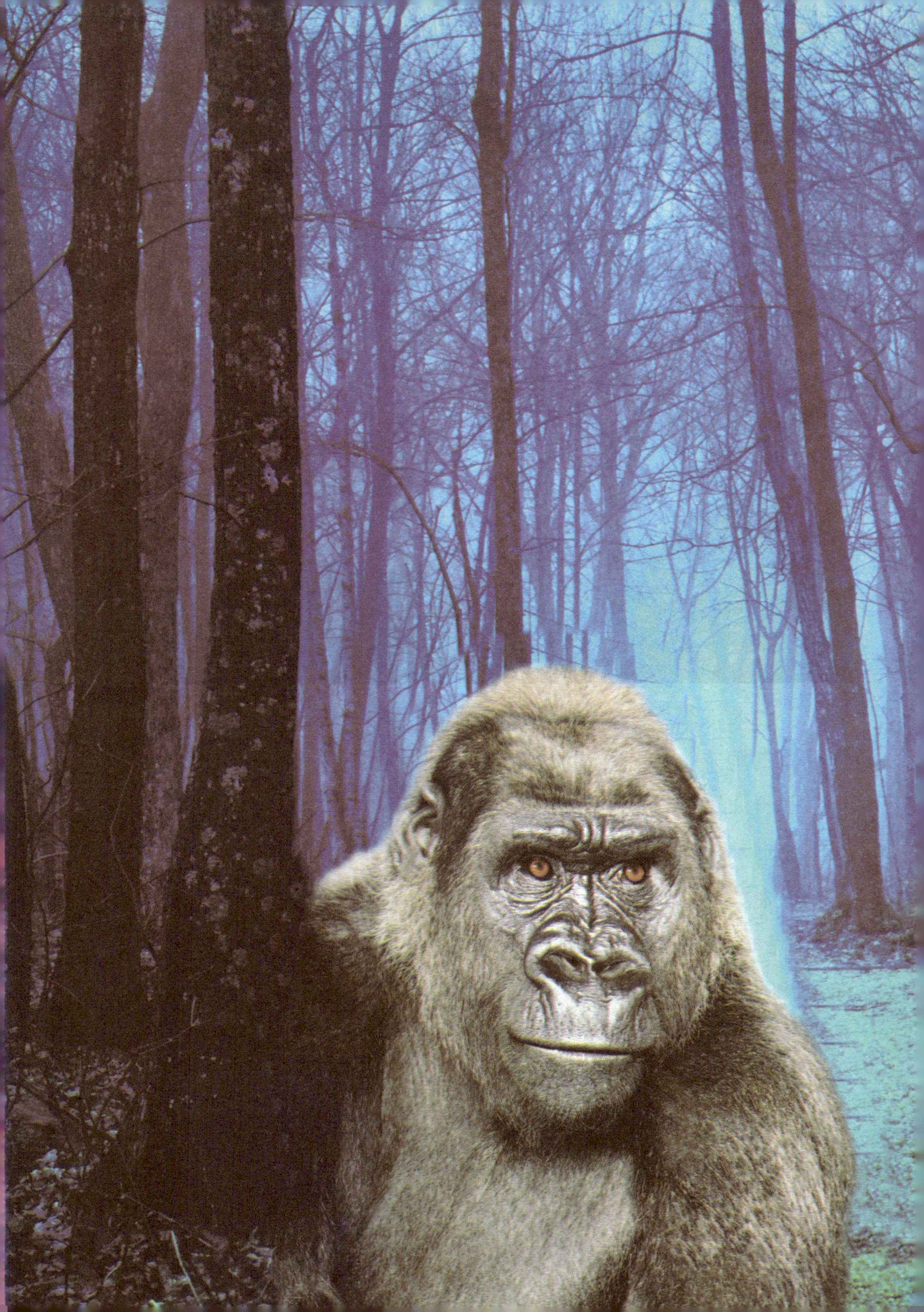

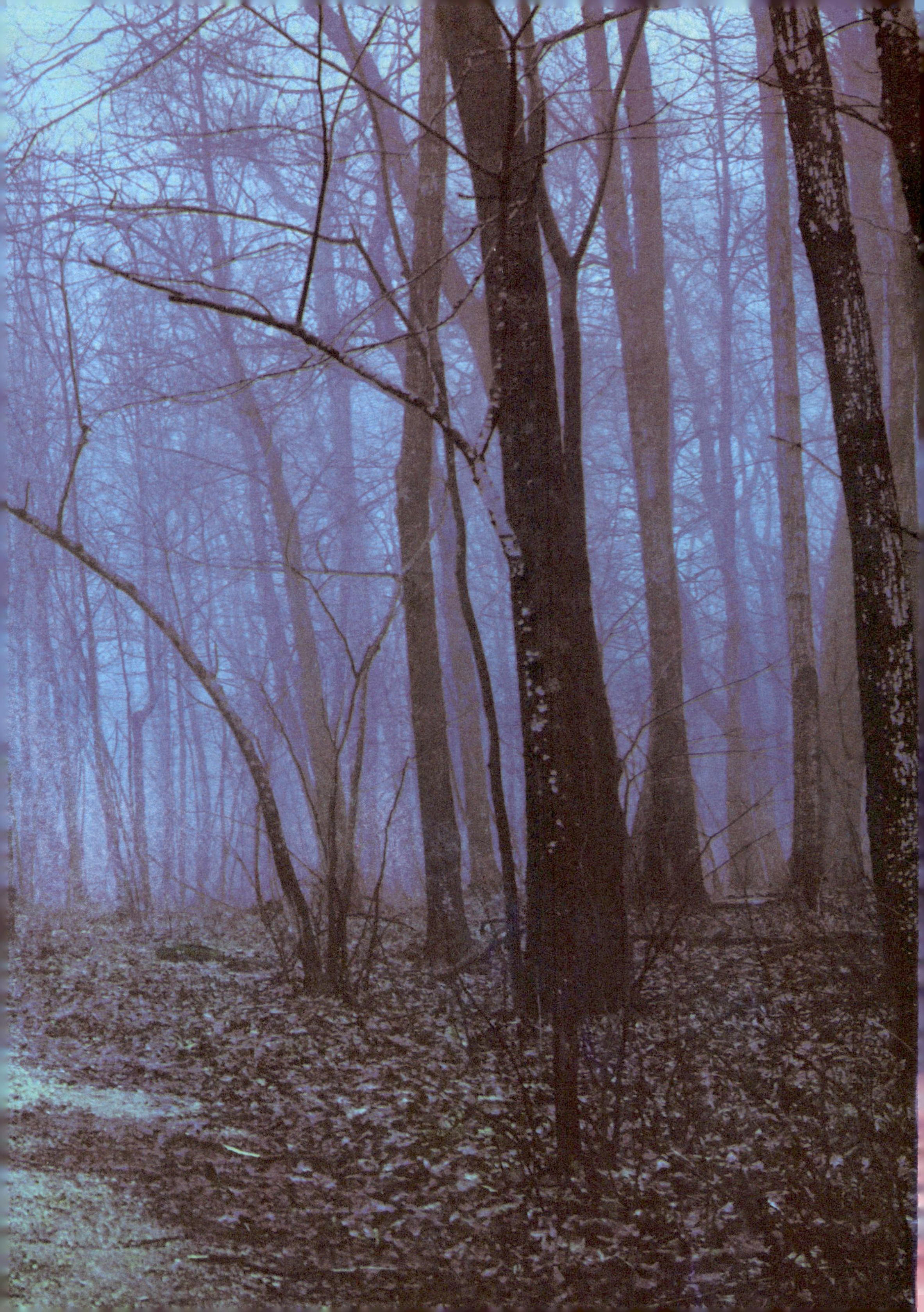

农架。林内松萝蔓藤密挂枝间，银须飘洒，把整个原始森林装扮得奇幻莫测。

在神农架的主峰下面，是一望无际的高山箭竹，一片金黄，衬托出峰顶裸露的岩石，好似一列列断壁残垣，若隐若现。春天，色彩绚丽的杜鹃花竞相开放，满山遍野生机一片。冬天，瑞雪纷飞，神农架林区真是一片圣地，这里生长着2000多种植物，聚集着500多种野生动物。

野人存在

奇秘的神农架，更加神秘的地方在于野人的存在。野人头发较长，前面可遮住额头或面部，后面自然披于两肩，好像梳披肩发的妇女。野人的头不大，颈部转动灵活，矢状肌发达。野人面部肤色较深，鼻孔上仰内

陷。额部和胸部前突，手臂短而下肢长，手脚同时着地时，前低后高，手臂能自由转动。脚长0.29米至0.48米，比人脚长，脚形前宽后窄，无足弓，大脚趾与其余四趾对立。野人有的过着小家族生活，更多的是过着独居生活。

拓展阅读

"野人"有的是过着小家庭生活，更多的是单独生活。这种活动方式与别的高级灵长目动物的活动有所不同，不是过着群体生活，这可能是由于为了减少食物竞争的压力和防止近亲交配的缘故。

毛女和小黑人的传说

毛女记载

正德《琼台志·纪异》记载："文昌山中有毛女，山魈类也。裸身长乳，土人谓之'长奶鬼'，白昼入人家欺人，国初时有见之者。今人气盛，则无矣。时俗犹呼之以惊小儿。今都肄场端午剪柳肖其像，用惊人马。"

光绪壬辰重修《临高县志》卷三《纪异》记载："裸身长乳，常于白昼入人家。明初，时有见之者，今则不常见也。时俗

呼之以惊小儿。今市尘中，值端午多剪柳肖其像，谓之曰'驱神'。"这两则记载，都是描述"毛女"的，虽然一则在文昌县，一则在临高县，但这两个毛女有着共同特征，即形似山魈，形态可怖；裸身长乳，有毛的雌性人形动物；白昼入人家，不是在晚间或早晚时刻；不是吃人、咬人的动物。

有关见解

当代学者曾昭璇有这样的见解：海南毛女灭绝于正德年间，是人口增加、山林减少的结果，和我国各地野人灭绝趋势一致。海南毛女栖息于五指山区，和大陆野人生长环境相似。因此，海南毛女的记录，是有科学价值的，即暗示我国亚热带林区仍会有珍奇类人动物存在。因此，林区应多划为保护区，这对维持自然生态平衡，保存物种，很有必要。这可由海南毛女在海南岛灭

绝，获得启示。

小黑人记载

除了毛女之外，海南传说中还流传着一种类似野人的小黑人，当地黎族人称之为"族栈"。关于族栈，最早见诸文字的是王国全在《黎族风情》一书中的记述：很久以前在现今琼中县毛贵、毛栈地区的贺志浩石洞里，居住着一群野人，黎语称作族栈。洞口岭下有一个村子叫牙开村。族栈每日都要到牙开村人的山栏园里要饭和讨南瓜吃。有一天，因族栈骗走并吃掉牙开人的小孩，鬃黎族人的祖先就动员了毛贵、毛路、毛栈三峒的人包围了族栈居住的山头，把木柴堆放在族栈住的石洞口，放火烧了七天七夜，直至把族栈

全部烧死在石洞内，族栈就这样绝种了。

有关见解

由于是传说，所以对族栈存在的确切年代不得而知，对于来源及存在时间也难以考究。从这个传说中，我们大致可以了解族栈的一些特点：一是群居山洞，并且位于五指山中部深处；二是以采集为生，不事耕种；三是只是一个单独的群体；四是其已经灭绝。

拓展阅读

海南古代传说的野人与海南岛最早的居民有关，如果我们现在能够确定族栈就是小黑人，也就是海南岛最早的原住民，那么，现代人对海南岛远古开发的历史就要重新认识了。

探索雨林中的小人国

小人特点

据说小人身高在0.76米至1.52米之间,身上长着短黑毛,脖颈后面长着浓密的鬃毛,有时这些鬃毛能一直延伸至背上。

它们的上肢比一般猿类动物要短,与苏门答腊岛上其他猿类不同的是,它们更喜欢在地上行走而不是在树上攀援。

小人留下的脚印很像是人类的小孩留下的,只是更宽一些。它们以水果和小动物为食。

目击雌性小人

目击者们常常说小人与人类看起来太相近了。居住在当地的一个名叫范·荷尔瓦丹的荷兰人说，他曾于1923年10月遇到过这种动物。尽管他当时随身带着猎枪并且是一个有经验的猎人，"最终却没有扣响扳机，我突然觉得我正在犯一起谋杀罪。"

荷尔瓦丹观察到："这只动物的脸部呈褐色，几乎没有什么毛，前额绝说不上低。一对黑黑的眼睛灵活地转动着，十分可爱，就像人的一样。鼻子有些宽，鼻孔有些大，但说不上蠢笨。嘴唇很正常，但嘴巴在张开时却很宽。它的犬齿不时地显露出来，显得有些大，比人类的要发达得多。我所能看到的它的右耳与人类的特别像。手背上有少许毛。"

范·荷尔瓦丹相信，他所看到的那只动物是雌性的，她大约有1.52米高。

相关考察

1989年夏，英国旅行作家德博拉·马特来到了苏门答腊西南部的雨林中。在那里，她的向导告诉了她有关小人的事情并指出在哪里能够找到它。马特对此表示怀疑，于是向导就把自己的两次目击经历告诉了她。吃惊之余，马特开始访问这一地区的居民并收集了许多目击报告。

"所有的报告都有一个共同点，即这种动物有着大而突出的肚皮，这在以前有关这种动物的报告中是没有的"她写道。一些报告说那小人身上的鬃毛是深黄或茶褐色，另一些则说是黑或深灰色。

马特提醒这些目击者说他们所见的动物可能是猩猩、长臂猿或太阳熊之类的，但他们坚决否认了这一点。

马特听说葛林芝山南部地区经常能看到这种动物，就只身前往。不过她没能亲眼看到，却发现了一些足迹。

"每个脚印的轮廓都很清晰，连大拇指与4个小趾都那么清清楚楚。大拇指的位置与人脚上大拇指的位置是一样的。"

每个脚印长约0.15米，脚趾处宽约0.10米。马特补充说，"如果我当时的位置靠近一处村庄的话，我一定会以为这些脚印是由一个7岁左右的健康孩子留下的。只是大拇指即使对于一个习惯于不穿鞋的人来说，也显得有些太宽了。"

由于下着雨，光线也很差，马特拍摄的这些脚印的照片效果不好。但她还是设法制作了一个石膏印模型并带往森林公园的总部。公园的主任原来一直不在意有关小人的报告，他对马特说，当地人头脑太"简单"了。但当他与工人们看到马特的石膏模型时，他承认这是一种他们从未见过的动物。

不幸的是，这个石膏模型——这次事件最重要的证据——被

送往印度尼西亚国家公园管理局之后，就再也没被见到或听到过。马特不断努力争取对这个石膏模型进行鉴定或至少能拿回来，但最终都失败了。

非洲小人国

非洲小人国在中非、刚果（布）和刚果（金）三国交界处的热带丛林里。小人国的居民是非洲的俾格米人。据不完全统计，现在约有20万人。他们住在热带丛林里，过着与世隔绝的生活。

他们依森林为生，自称是"森林之子"。

中非共和国也曾经试图让小人搬出丛林，过现代人的生活，但都失败了。小人们身材矮小，一般身高为一米二三，最高的不超过1.4米。但身材长得很匀称，不像某些侏儒那样。

他们不穿衣服，不管男女老少都是裸体，只在下腹部挂上一

点儿树叶。他们生活在热带原始森林里，主要以打猎和采集为生。男的主要打猎，他们的猎物甚至有大象和狮子。他们会制作一种麻醉剂，遇到动物以后，就用弓箭来射，这样动物就会被捕获。女人主要是采集树根和野果。小人吃熟食。他们打来猎物之后，便将猎物整个放在火上烤，然后就用手撕着吃。他们挖来薯根儿之后便放在一个容器里煮，然后捣碎，用手抓着吃。他们完全过着原始社会的生活。没有自己的文字，只有自己的语言。

他们没有数的概念，也没有时间的概念。他们的寿命一般在30岁至40岁之间。这主要是因为他们生活条件十分艰苦，缺乏基本的医疗卫生条件。小人国是通过部族首领来管理的。几户十几户为一个小的部落，大的部落有几十户到上百户。部落不分大小，都有自己的首领。首领通过自己的权威进行管理，例如：打猎回来他们将猎物平均分配，只是首领的那份比别人多些。

拓展阅读

在我国云南省昆明市西山之麓的世界蝴蝶生态园里，生活着一个由100多人组成的"小人"群体，他们中年龄最大的48岁，最小的18岁，他们中个子最高的也没有超过1.3米。在这个袖珍王国里，所有的摆设都是迷你型的，迷你的桌子，迷你的凳子，迷你的床，迷你的碗筷等。

神秘的大脚板雪人

名称由来

雪人，是喜马拉雅山区的野人，更多的时候，人们叫它耶提。在夏尔巴人的语言中，耶提的本意是石熊。

在其他地方的夏尔巴人或者藏人口中，这种动物又叫密啼，意思是人熊，或者是祖啼，意思是牛熊。

耶提最早被西方人所知是在1832年，《孟加拉亚洲社会杂

志》报道了英国行者霍奇桑声称他在尼泊尔北部旅行时，当地向导说看见了一只满身长满深色长毛的两足动物。

虽然霍奇桑并没有亲眼看见过，但他认为那可能是一只红毛猩猩。

1921年，探险家伯里在西藏境内海拔大约6480米的拉喀巴山口附近发现了一些神秘的脚印。

他随即问背夫，是什么东西留下的这些脚印？一些搬运工人脱口答道是"密啼"，其他的人也接着补充道是"康密"。我们知道，"密啼"是人熊，而"康密"则是雪人。

拍到照片

20世纪50年代，雪人从少数探险家的沙龙里走向了大众。1951年，谢普顿在试图测量珠峰高度的时候在海拔6000米的地方拍到了一些模糊的照片。

有人声称，照片上是明显的类人猿的脚印，而另一些人说那不过是些模糊不清的已知动物的足迹。

1953年是雪人历史上重要的一年。这一年的5月29日，新西兰登山家埃德蒙·希拉里和尼泊尔夏尔巴人丹增·诺尔盖，克服千难万险，从珠穆朗玛南坡携手登上顶峰，完成了人类登上地球之巅的梦想，全球为之轰动。埃德蒙·希拉里在事后接受采访时除

了发表登山感言外，还爆料了一个惊人的消息。

他说，他在珠穆朗玛峰上看见了巨大的脚印，因为它比人类的脚印大得多，而且，鉴于珠穆朗玛峰还从来没有人登上过，所以，他认为那是传说中的雪人的脚印。

拓展阅读

2007年12月初，美国一家电视台的科幻系列节目《终极真相》宣布：他们的一个摄制组在尼泊尔境珠穆朗玛峰山麓海拔2850米的一处河滩发现了一些0.33米长，0.25米宽的大脚印。他们认为，这可能是著名的雪人留下的。

揭开大脚怪骗局

北美大脚怪原来是人造

支持大脚怪存在的人有一个非常有力的证据，那就是1967年美国人帕特森用自己的摄影机拍下了一段长约60秒钟的大脚怪出现的珍贵镜头。摄影短片上的大脚怪肩宽近一米，毛皮黑色，用两足屈膝行走，有一对下垂的乳房，看上去很像一只大猩猩，但体态和行走姿势却显得比大猩猩更像人类。

据当时拍摄这段录像的帕特森描述，这个像人又像猿的大家伙正在河边喝水，帕特森猛然意识到这可能是传说中的大脚怪，连忙拿出摄像机拍摄，但是大脚怪很快起身返回茂密的森林。

这段录像引起了全世界无数科学家及探险者的兴趣，有的甚至亲自前往大脚怪的发现地美国加利福尼亚州北部某处山谷进行考察。后来，这段录像还被制作成了一部纪录电影，在全世界引起了巨大影响。然而，2004年3月，美国华盛顿州雅吉瓦一名63岁的老人鲍伯·希罗尼穆斯却向新闻界透露，当年拍摄的那只大脚怪其实是自己披上大猩猩的毛皮道具装扮而成的。原来，帕特森和希罗尼穆斯达成了一个君子协议，由希罗尼穆斯穿上大猩猩装，在镜头前进行一场特殊表演，酬劳和保密费共计1000美元。

不过，直至现在希罗尼穆斯连一分钱也没有拿到，因为拍摄录像的帕特森早在1972年即已去世，他说的话已是死无对证了。

希罗尼穆斯后来说："我一个子儿也没拿到，一个子儿也没有！那时候，我真是打算靠这个捞一笔钱，结果不少人因为那片子发了财，可我这个'大脚怪'扮演者却什么也没拿到。即使37年过去了，我仍然认为，我应该拿这笔钱。"

不过，希罗尼穆斯也为自己当年的行为而忏悔，他说："过了37年，我无数次翻看这段录像，从心理上无法容忍自己的欺骗行为。为了这个虚假镜头，许多科学家浪费大量的人力和财力去寻找'大脚北美野人'。"

录像的真假无法确定

录像带的拍摄者帕特森已经于1972年去世了，但是，当年和他一起拍下短片的那个同伴却还活在世上。

当听到了有关"录像带是世纪骗局"的说法后，帕特森的同伴吉姆林立即委托律师抗议，他说："当年没有任何人故意穿上大猩

是人是兽还是啥

猩或猴子的服装，我亲眼看到一切，骗局的说法是毫不可信的。"

帕特森已无法从坟墓里跳出来说明一切，所以录像带究竟是真是假已经无从考证，不过，加拿大"大脚怪"研究者约翰·格林表示，即使这部短片是伪造的，也不足以否定大脚怪在北美洲的存在。

加拿大大脚怪是野牛

加拿大西部人迹稀少的丛林地带一直被认为是大脚怪出没的地方。早些时候，两个徒步旅行者声称，他们在育空首府怀特霍斯以东160千米的一片森林里看见了大脚怪，他身材高大，浑身长满茸毛，看起来像猿。

两位目击者说，大脚怪行动非常迅速，发现异样后，很快就躲进丛林里不见了，但他们幸运地找到了大脚怪留下的毛发。

埃德蒙顿的阿尔伯塔大学野生动物遗传专家戴维·柯特曼经

常与育空地区的野生动物专家进行合作，他同意对神秘毛发进行DNA检测，然后再将其DNA排序与所知的生物进行比较。然而，测试结果表明，这撮毛发根本不属于什么神秘的大脚怪。

柯特曼说："通过测试我们发现，这些毛发的DNA排序与北美野牛几乎完全一样。所以，这根本不是什么大脚怪的毛发，而是野牛身上的鬃毛。"

专家学者的观点

虽然不少科学家认为大脚怪是虚妄之谈，但有些报道不能不引起人们的注意。有专家认为，大脚怪可能都是误传。到目前为止，各种大脚怪虽然传闻很盛，但总是只闻其名，未见其人。

中国科学院古脊椎动物与古人类研究所研究员、博士，中国古动物馆馆长王原认为：

"生物的演化具有不可逆性，已经灭绝的生物不会重新出现。虽然我们不能排除在这个地球上，还有很多我们人类没有开发到的地方，但如果一种原始的大型物种与我们人类共同生活了

几百万年，还没有被发现，这的确是一个概率十分低的事件。"

综合这些疑问，他觉得大脚怪的传说可能都是误传。王原的专业领域是古两栖动物学研究、古生物学科学普及工作，他的话有一定的代表性，也有巨大的影响力，因此，到目前为止，北美到底有没有大脚怪还是一个谜。

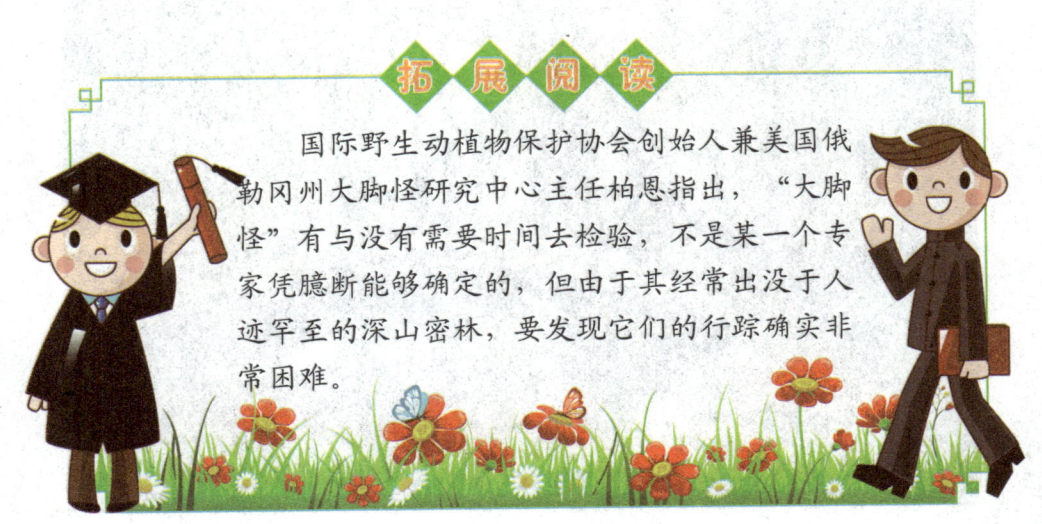

拓展阅读

国际野生动植物保护协会创始人兼美国俄勒冈州大脚怪研究中心主任柏恩指出，"大脚怪"有与没有需要时间去检验，不是某一个专家凭臆断能够确定的，但由于其经常出没于人迹罕至的深山密林，要发现它们的行踪确实非常困难。

有关野人的新发现

发现脚印

1997年入冬以来，神农架的探险英雄张金星野宿在神农架国家级自然保护区暨国际人与生物圈保护网的核心区，他在方圆几百平方千米范围内，设置了若干个观察哨所。

张金星，山西省榆次人，我国民间野人探索第一人。自1994年起自费到神农架寻找野人，多年来，他采集了100多根可疑毛发，

发现了3000多个可疑脚印，其中最大的0.44米，最小的0.23米，并灌制了30多个石膏脚印模型。

无论是冰天雪地零下二三十度的隆冬季节，还是风雨交加、猛兽长啸的春夏之夜，他都坚持一个人独自静静观察。

悬崖下、山洞里、大树旁，支起一顶小帐篷，铺上一个睡袋便是他的家。

1997年的一天，他又有了新的发现。他手舞足蹈地扳着指头数着雪地里新鲜而清晰的野人脚印，心情异常激动。仅那一天，他就发现了40多个鲜明的赤脚印。

这一带几万千米渺无人烟，当时气温在零下20度左右，张金星穿着别人捐赠的皮衣、皮裤、皮靴还冷得直发抖，有哪一个人敢在这海拔2000多米的林海雪原上赤脚行走？

正当张金星"是野人！是野人！"不停地大声欢叫之际，

迎面来了一个遍身落满雪花、肩扛摄像机的人——原来是湖北电视台主任记者郭跃华跑来采访他。

见此情景，郭跃华激动地把雪地上的40多个野人脚印连同兴高采烈的张金星一块摄入镜头。

这些镜头在1998年的中央电视台、湖北电视台的电视节目里与亿万观众见面，倾倒了无数电视观众和野人迷。

脚印特点

自1997年冬季以来，张金星在神农架的雪地和雨后的泥地里多次发现了野人的大脚印，清晰的赤脚印共有100多个，趾印呈卵圆形，与人的一样。

与人脚不同的是其脚趾分散，大拇指与其他4趾斜叉开成30度左右角，这

些实在与中非共和国原始森林里赤身裸体的原始部族——俾格曼矮人的脚印太相似了。

所不同的是俾格曼人的脚很小，成年人的脚印都小于0.2米，而张金星发现的神农架野人的脚印最长的达0.43米。按现代人的身高与脚印的比例推算，脚掌达0.43米的当为巨型野人，身高约为3米。

在100多个脚印中，最小的为0.09米，按比例推算这是一个身高为0.6米的小野人，其年龄大约仅1岁。这说明野人是全家大小一起外出活动的。

拓展阅读

小野人的发现，证明野人尚有繁衍后代的能力，这也说明野人在神农架地区短时期内是不会灭绝的，如果这种推测合理的话，那么，张金星的发现是非常令人鼓舞的。

图书在版编目（CIP）数据

是人是兽还是啥 / 尹丽华编著. -- 长春 : 吉林出版集团股份有限公司, 2013.10
（图解日新月异的科技 / 赵俊然主编. 第1辑）
ISBN 978-7-5534-3250-2

Ⅰ. ①是… Ⅱ. ①尹… Ⅲ. ①人类学－青年读物②人类学－少年读物③野兽－青年读物④野兽－少年读物 Ⅳ. ①Q98-49②Q95-49

中国版本图书馆CIP数据核字(2013)第227309号

是人是兽还是啥

尹丽华 编著

出 版 人	齐 郁
责任编辑	盛 楠
封面设计	大华文苑（北京）图书有限公司
版式设计	大华文苑（北京）图书有限公司
法律顾问	刘 畅
出　　版	吉林出版集团股份有限公司
发　　行	吉林出版集团青少年书刊发行有限公司
地　　址	长春市福祉大路5788号
邮政编码	130118
电　　话	0431-81629800
传　　真	0431-81629812
印　　刷	三河市嵩川印刷有限公司
版　　次	2013年10月第1版
印　　次	2020年5月第3次印刷
字　　数	118千字
开　　本	710mm×1000mm　1/16
印　　张	10
书　　号	ISBN 978-7-5534-3250-2
定　　价	36.00元

版权所有　翻印必究

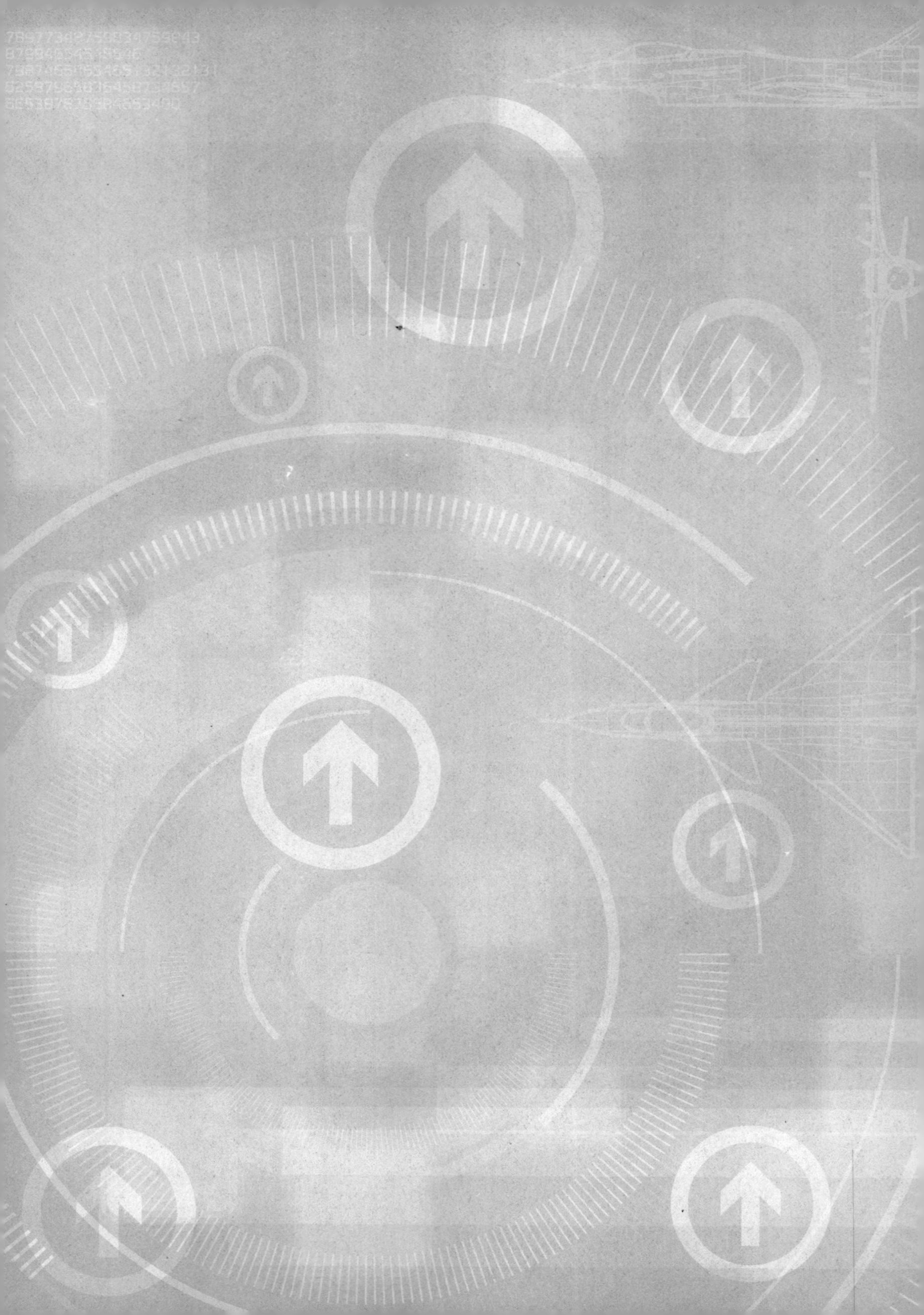